防汛抢险先进适用技术装备发展报告

（2024—2025）

水电水利规划设计总院
国家防汛抗旱技术研究中心　编著
中国水力发电工程学会

内 容 提 要

本报告立足新时代防灾减灾救灾战略部署，结合我国防汛抢险工作实际，以全链条灾害应对视角，系统梳理我国防汛查险、抢险救援技术装备体系。报告详细阐述了各类技术装备种类、功能特性、技术参数及适用场景，通过剖析近年来典型灾害案例，客观展现技术装备在灾害应对过程中发挥的实战效能与关键作用。

报告聚焦我国防汛抢险技术装备领域面临的关键问题，结合行业发展趋势以及防汛抢险工作需求，提炼出技术装备未来发展方向，归纳总结当前研究热点。在此基础上，提出具有前瞻性与可行性的展望与建议。

本报告兼具理论深度与实践指导意义，可为国家有关决策提供参考，也可供相关领域管理人员、技术人员以及研究人员阅读。

图书在版编目（CIP）数据

防汛抢险先进适用技术装备发展报告. 2024—2025 / 水电水利规划设计总院, 国家防汛抗旱技术研究中心, 中国水力发电工程学会编著. -- 北京 : 中国水利水电出版社, 2025. 5. -- ISBN 978-7-5226-3393-0

Ⅰ. TV871.2

中国国家版本馆CIP数据核字第2025LW8225号

书　　名	**防汛抢险先进适用技术装备发展报告（2024—2025）** FANGXUN QIANGXIAN XIANJIN SHIYONG JISHU ZHUANGBEI FAZHAN BAOGAO（2024—2025）
作　　者	水 电 水 利 规 划 设 计 总 院 国 家 防 汛 抗 旱 技 术 研 究 中 心　编著 中 国 水 力 发 电 工 程 学 会
出版发行	中国水利水电出版社 （北京市海淀区玉渊潭南路1号D座　100038） 网址：www.waterpub.com.cn E - mail：sales@mwr.gov.cn 电话：（010）68545888（营销中心）
经　　售	北京科水图书销售有限公司 电话：（010）68545874、63202643 全国各地新华书店和相关出版物销售网点
排　　版	中国水利水电出版社微机排版中心
印　　刷	北京印匠彩色印刷有限公司
规　　格	210mm×285mm　16开本　6印张　142千字
版　　次	2025年5月第1版　2025年5月第1次印刷
定　　价	**168.00元**

凡购买我社图书，如有缺页、倒页、脱页的，本社营销中心负责调换

版权所有·侵权必究

编 委 会

主　　任：李　昇　易跃春　郑声安

副 主 任：赵全胜　余　波　王富强　龚和平　彭土标
　　　　　孙保平　张东升　喻葭临　曹渝波　郭德存
　　　　　何　伟　周剑锋　赵良英

主　　编：余　波　杜效鹄　周兴波

参　　编：张　云　杨子儒　陈文龙　朱国威　程　立
　　　　　王寿宇　邵　瀚　程晓亮　张　凯　杨　晟
　　　　　王　波　张国宝　张晓光　程家林　朱　哲
　　　　　李诚康　杨海军　张佳宾　江东勃　薛美娟
　　　　　程宇航　王　锦　周小飞　董舒迪　郭法旺
　　　　　潘　建　陈建强　雷定演　宁传新　徐小舒

前 言

全球气候变化导致极端天气事件频发，已成为世界各国面临的共同挑战。2023年，印度和巴基斯坦遭遇持续暴雨，引发大规模洪水、泥石流和山体滑坡，给两国人民带来沉重灾难。2024年，西班牙东南部地区遭遇极端暴雨袭击，引发严重洪涝灾害，造成重大人员伤亡和巨大经济损失。我国作为受气候变化影响最为显著的国家之一，每年因水旱灾害造成的直接经济损失长期处于高位。2023年，华北、东北地区相继出现极端暴雨天气，海河发生流域性特大洪水，造成京津冀等地重大人员伤亡和财产损失，松花江流域发生严重汛情，黑龙江、吉林等地受灾严重。2024年，我国多地遭遇持续强降雨与超标准洪水，长江、黄河上游、淮河上游等大江大河发生编号洪水，局部地区汛情形势严峻，甚至突破历史极值，对人民群众生命财产安全造成严重威胁。同时，洪涝灾害、地质灾害等多灾种链生叠加，进一步加剧了抢险救灾工作的复杂性和挑战性，传统的"被动抢险"模式已难以满足现实需求，亟须通过科技赋能实现"主动防控"。

习近平总书记多次强调要坚持人民至上、生命至上，统筹发展和安全，明确要求"提高防灾减灾救灾和急难险重突发公共事件处置保障能力"。防汛抢险技术装备作为防灾减灾救灾体系的重要基础，其技术水平和应用效能直接关系到人民群众生命财产安全、流域防洪安全以及经济社会稳定发展。先进技术装备不仅是提高救援效率的关键、保障救援人员安全的重要手段，更是防汛抢险现代化的重要标志。加快防汛抢险先进适用技术装备研发与应用，既是突破"防抗救"环节技术瓶颈的关键抓手，也是提升应急管理体系现代化水平的重要路径。为深入贯彻落实习近平总书记关于防汛救灾工作的重要指示批示精神，践行"两个坚持、三个转变"防灾减灾救灾理念，推动传统人海战术模式向依靠技术装备的新模式转变，水电水利规划设计总院、国家防汛抗旱技术研究中心、中国水力发电工程学会组织专业技术团队，研究编制了《防汛抢险先进适用技术装备发展报告（2024—2025）》。本报告立足"需求导向、问题导向、目标导向"，聚焦"隐患排查、监测预警、应急抢险"三大环节，系统梳理了我国防汛查险及抢险救援关键技术及成熟产品，既关注大流量智能排水、智能救生、应急动力等"硬装备"，也重视卫星遥感监测、洪涝灾害监测预警系统等"软技术"；通过剖析典型灾害事件中的装备应用场景，总结提炼了经过实战检验的先进技术与实用产品；梳理归纳了相关政策要点与热点；分析了面临的挑战及未来趋势，并提出针对性发展建议，突出装备模块化、集成化、轻量化、无人化和智能化的持续升级，梳理了我国技术装备研究重点和热点，旨在为行业主管部门制定产业政策、企业开展技术创新、基层单位装备配置提供科学参考，推动形成研发有方向、应用有标准、推广有路径的技术装备发展新格局，助力实现从被动应对向主动防控、从单一装备向系统解决方案的转变，为筑牢新时代防汛抢险技术装备防线提供智力支撑。

本报告作为防汛抢险技术装备领域的首部技术发展报告，涵盖水陆空多尺度装备，种类繁多。编写团队历经两年，调研多家单位，分析上百个典型案例，克服技术标准不统一、应用场景多元化、成果验证周期长等挑战，最终形成现阶段成果。本报告的编写得到了国家防汛抗旱总指挥部办公室、应急管理部防汛抗旱司、中国电力建设集团有限公司，以及相关生产制造企业、装备应用企业、科研院所等单位的大力支持与指导，团队为防汛抢险技术装备发展贡献了智慧与力量，谨致衷心感谢！

本报告筹备过程中，编写团队数易其稿，多次召开专家论证会，力求在有限篇幅内实现系统性、技术性与实用性的平衡。但防汛抢险技术装备涉及多学科交叉、多场景适配，且受认知局限和判断偏差影响，尽管编写团队全力以赴，报告可能仍存在瑕疵。欢迎各位专家、学者提出宝贵意见与建议，助力防汛抢险技术装备领域持续进步。

强国建设，复兴伟业，防汛抢险工作任重道远、使命光荣。编写团队愿与应急管理行业同仁一道，同心协力、锐意进取、攻坚克难，以更加坚定的信念和更加务实的作风共同推动防汛抢险技术装备高质量发展，为推进平安中国建设，加速应急管理体系与应急能力现代化建设进程作出新的更大贡献。

作者

2025 年 5 月

目 录

前言

1 综述 1
  1.1 全球汛旱灾情 2
  1.2 国内汛旱灾情 7
  1.3 技术装备发展形势 10

2 防汛查险技术装备 15
  2.1 防汛查险技术装备应用概况 16
  2.2 陆上查险技术装备 16
  2.3 水中查险技术装备 25
  2.4 空中查险技术装备 28

3 防汛抢险救援技术装备 33
  3.1 防汛抢险救援技术装备应用概况 ... 34
  3.2 运输投运装备 34
  3.3 指控通信装备 40
  3.4 工程抢险装备 45
  3.5 特种作业装备 52
  3.6 支援保障装备 58

4 典型应用案例 63
  4.1 河南郑州"7·20"特大暴雨灾害 ... 64

  4.2 海河"23·7"流域性特大洪水 65
  4.3 2024年南方暴雨洪涝灾害 68
  4.4 团洲垸洞庭湖决堤抗洪抢险 69
  4.5 "7·19"柞水暴雨山洪灾害 71
  4.6 "应急使命·2024"演习 72

5 政策要点 75
  5.1 国家高度重视 76
  5.2 行业加快安全应急装备推广应用 ... 76
  5.3 行业加快防汛抢险装备推广应用 ... 76
  5.4 行业加快推动完善标准体系 77

6 发展展望 79
  6.1 技术装备发展方向 80
  6.2 技术装备研究热点 82
  6.3 展望 85

声明 87

1 综述

全球气候变暖背景下，洪涝、干旱和风暴灾害呈现发生频率增加、影响范围扩大、灾害强度增强的显著趋势。2015—2024 年期间，全球洪涝、干旱和风暴灾害共造成 87396 人死亡失踪，直接经济损失 18656.83 亿美元，洪涝、干旱和风暴灾害造成的人员伤亡和直接经济损失整体呈上升趋势，另外，随着全球经济体量的快速增长，同等强度的灾害事件造成的直接经济损失和社会影响显著增大，如 2022 年，尽管全球洪涝、干旱和风暴灾害发生次数由 2021 年的 357 次减少至 310 次，但直接经济损失仍达 2198.59 亿美元，远高于 2015—2024 年的平均值 1865.68 亿美元，凸显洪涝、干旱灾害应对形势的复杂性和严峻性。

我国作为受气候变化影响最为严重的国家之一，洪涝、干旱灾害发生频率和强度均高于全球平均水平。由于我国领土广阔、地形复杂、江河湖泊众多，加之快速城市化进程和经济集聚效应，洪涝、干旱灾害呈现发生频率高、影响范围广、破坏力强、灾害链长等特点，对人民生命财产安全及经济社会稳定运行构成严重威胁，对防汛抢险救灾工作提出新挑战。

因此，加强防汛抢险先进适用技术装备研究，提高防汛抗旱抢险救灾能力，已成为我国应对气候变化、保障经济社会可持续发展的重大战略需求。

1.1 全球汛旱灾情

1. 汛旱灾害发生频次整体呈上升趋势

2015—2024 年，全球共发生洪涝、干旱、风暴灾害事件 3056 起，全球洪涝、干旱和风暴灾害过去十年发生频次整体呈增长趋势，2021 年为频次最高年份，主要由于印度、美国、德国等多个国家发生了严重洪涝灾害。其中，洪涝灾害发生频次最高，达 1702 起，占比 56%；发生风暴灾害（台风、飓风）1192 起，占比 39%；发生干旱灾害 162 起，占比 5%（表 1.1-1、图 1.1-1、图 1.1-2）。

表 1.1-1　2015—2024 年全球洪涝、干旱、风暴灾害发生频次统计表　　单位：次

年份	洪涝灾害	干旱灾害	风暴灾害	小计
2015	161	27	121	309
2016	159	14	86	259
2017	127	12	130	269
2018	128	17	96	241
2019	195	15	91	301
2020	201	12	128	341

续表

年份	洪涝灾害	干旱灾害	风暴灾害	小计
2021	222	16	119	357
2022	178	23	109	310
2023	164	13	139	316
2024	167	13	173	353
合计	1702	162	1192	3056

注 全球数据来自全球灾害数据库及紧急灾难数据库（同一灾害事件数据取各来源最大值），下同。

图 1.1-1 2015—2024 年全球洪涝、干旱、风暴灾害频次图

2. 干旱灾害影响人口最为广泛，占比近五成

2015—2024 年，全球洪涝、干旱、风暴灾害影响 151640.85 万人，其中，洪涝灾害影响 43971.28 万人，占比 29%；干旱灾害影响 73996.28 万人，占比 49%；风暴灾害影响 33673.29 万人，占比 22%（表 1.1-2、图 1.1-3 和图 1.1-4）。由于降水不规律和气候变暖，多地干旱现象频发，2015 年为全球干旱最严重年份。

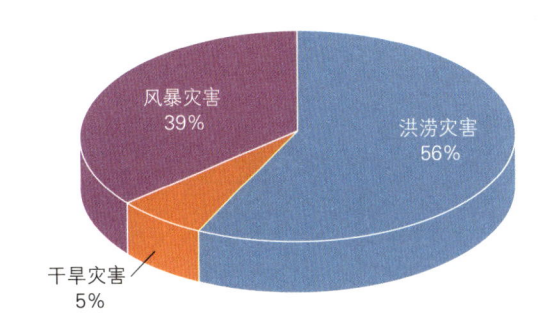

图 1.1-2 2015—2024 年全球洪涝、干旱、风暴灾害发生频次占比图

表 1.1-2 2015—2024 年全球洪涝、干旱、风暴灾害影响人数统计表　单位：万人

年份	洪涝灾害	干旱灾害	风暴灾害	小计
2015	2742.17	38298.51	1046.83	42087.51
2016	7923.35	2952.6	9403.68	20279.63

续表

年份	洪涝灾害	干旱灾害	风暴灾害	小计
2017	5561.93	1856.19	2541.26	9959.38
2018	3426.21	2554.82	1810.48	7791.51
2019	3484.52	2272.26	3810.98	9567.76
2020	3434.45	3318.93	4127.26	10880.64
2021	2990.07	6041.51	1792.78	10824.36
2022	5755.14	10735.34	1698.15	18188.63
2023	3686.94	2578.32	2534.25	8799.51
2024	4966.50	3387.8	4907.62	13261.92
合计	43971.28	73996.28	33673.29	151640.85

图 1.1-3　2015—2024 年全球洪涝、干旱、风暴灾害影响人数图

3. 洪涝灾害导致死亡失踪人数最多，占比近六成

2015—2024 年，全球因洪涝、干旱、风暴灾害死亡失踪 87396 人，因洪涝灾害死亡失踪 51785 人，占比 59%；因干旱灾害死亡失踪 3013 人，占比 4%；因风暴灾害死亡失踪 32598 人，占比 37%（表 1.1-3、图 1.1-5、图 1.1-6）。

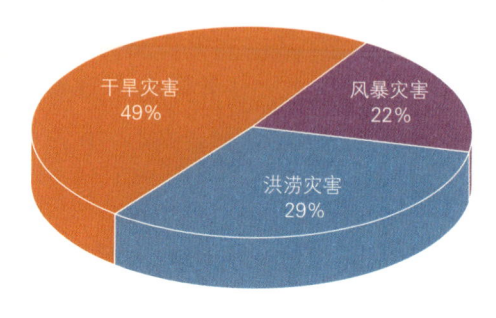

图 1.1-4　2015—2024 年全球洪涝、干旱、风暴灾害影响人数占比图

表 1.1-3 2015—2024 年全球因洪涝、干旱、风暴灾害死亡失踪人数统计表　　　单位：人

年份	洪涝灾害	干旱灾害	风暴灾害	小计
2015	3479	35	1288	4802
2016	4397	—	1761	6158
2017	3337	—	2563	5900
2018	2881	—	1707	4588
2019	5141	85	2515	7741
2020	6322	45	1758	8125
2021	4166	—	1893	6059
2022	8050	2601	1605	12256
2023	7666	247	14676	22589
2024	6346	—	2832	9178
合计	51785	3013	32598	87396

注　—表示无相关数据。

图 1.1-5　2015—2024 年全球因洪涝、干旱、风暴灾害死亡失踪人数图

4. 风暴灾害造成直接经济损失占比最大

2015—2024 年，全球洪涝、干旱、风暴灾害造成直接经济损失 18656.83 亿美元，其中，洪涝灾害造成直接经济损失 4387.24 亿美元，占比 24%；干旱灾害造成直接经济损失 1501.42 亿美元，占比 8%；风暴灾害造成直接经济损失 12768.17 亿美元，占比 68%（表 1.1-4、图 1.1-7 和图 1.1-8）。

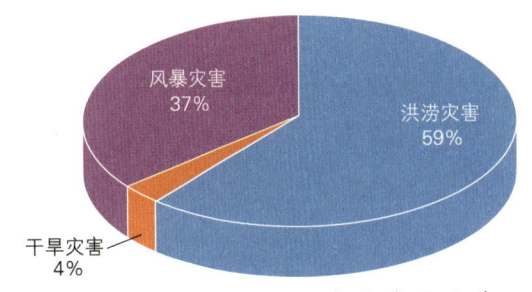

图 1.1-6　2015—2024 年全球因洪涝、干旱、风暴灾害死亡失踪人数占比图

表1.1-4 2015—2024年全球因洪涝、干旱、风暴灾害直接经济损失统计表   单位：亿美元

年份	洪涝灾害	干旱灾害	风暴灾害	小计
2015	271.08	281.76	442.91	995.75
2016	722.11	45.12	581.6	1348.83
2017	252.83	76.1	3399.88	3728.81
2018	239.22	113.5	883.48	1236.2
2019	439.09	1.91	686.94	1127.94
2020	605.81	102.41	1038.31	1746.53
2021	854.13	169.8	1547.84	2571.77
2022	467.78	356.49	1374.32	2198.59
2023	203.77	221	1008.45	1433.22
2024	331.42	133.33	1804.44	2269.19
合计	4387.24	1501.42	12768.17	18656.83

图1.1-7 2015—2024年全球因洪涝、干旱、风暴灾害直接经济损失图

2015—2024年，热带风暴和飓风的强度有所提升，全球变暖导致海洋温度升高，增强了暴风的能量，使得飓风、台风的破坏力更强，并且伴随更大的风速和强降雨。暴风不仅带来强风破坏，还伴随着暴雨和风暴潮，造成了严重的经济损失。2017年的飓风"哈维"造成经济损失达数千亿美元。

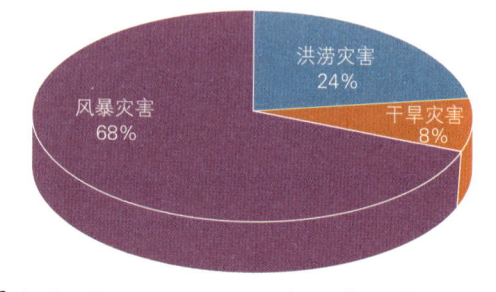

图1.1-8 2015—2024年全球洪涝、干旱、风暴灾害造成直接经济损失占比图

1.2 国内汛旱灾情

我国是世界上洪涝灾害多发频发的国家之一，大约三分之二的国土面积上可能发生不同类型和不同程度的洪涝灾害。2015—2024年，我国汛旱灾害形势复杂严峻，洪涝、台风和干旱灾害均有不同程度发生，给人民生命财产安全和社会经济发展带来了诸多挑战。

1. 汛旱灾害影响人口整体呈下降趋势

2015—2024年，我国洪涝、干旱、台风灾害共造成109701.47万人次受灾，过去十年，我国汛旱灾害影响人口整体呈下降趋势。其中，洪涝灾害影响最为严重，受灾人口达61365.91万人次，占总受灾人口的56%；干旱灾害次之，受灾人口34957.66万人次，占比32%；台风灾害影响相对较小，受灾人口13377.9万人次，占比12%（表1.2-1、图1.2-1、图1.2-2）。

表1.2-1　2015—2024年我国受洪涝、干旱、台风灾害影响人数统计表　　单位：万人次

年份	洪涝灾害	干旱灾害	风暴灾害	小计
2015	7640.85	5436.5	2536.04	15613.39
2016	10095.41	3057.2	1544.37	14696.98
2017	5514.9	4717	491.82	10723.72
2018	5576.55	2742.7	2678.09	10997.34
2019	4766.6	6030.17	1659.2	12455.97
2020	7861.5	2413.5	1062.7	11337.70
2021	5901.01	2068.85	644.05	8613.91
2022	3385.26	5245.21	476.4	9106.87
2023	5278.93	2097.43	1131.63	8507.99
2024	5344.9	1149.1	1153.6	7647.60
合计	61365.91	34957.66	13377.9	109701.47

注　国内数据中，2015—2023年数据来自《中国防汛抗旱公报（2023）》，2024年数据来自应急管理部，下同。

图 1.2-1　2015—2024 年我国受洪涝、干旱、台风灾害影响人数图

2. 洪涝灾害是造成人员死亡失踪的首要自然灾害

2015—2024 年，我国洪涝、台风灾害共造成 4972 人死亡失踪。其中，洪涝灾害造成的死亡失踪人数最多，高达 4583 人，占总死亡失踪人数的 92%，凸显出防汛抢险工作面临的严峻形势；台风灾害导致的死亡失踪人数为 389 人，占比 8%；干旱灾害未造成人员死亡失踪（表 1.2-2、图 1.2-3、图 1.2-4）。

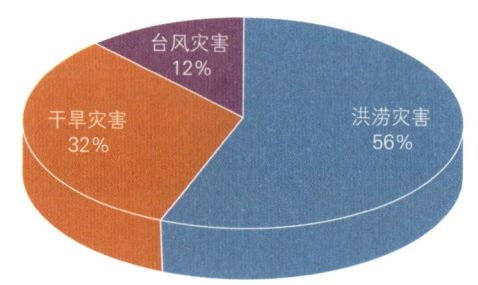

图 1.2-2　2015—2024 年全国因洪涝、干旱、台风灾害影响人数占比图

表 1.2-2　2015—2024 年我国因洪涝、台风灾害死亡失踪人数统计表　　单位：人

年份	洪涝灾害	台风灾害	小计
2015	400	41	441
2016	893	167	1060
2017	355	23	378
2018	219	39	258
2019	658	74	732
2020	279	8	287
2021	590	4	594
2022	171	3	174
2023	309	12	321
2024	709	18	727
合计	4583	389	4972

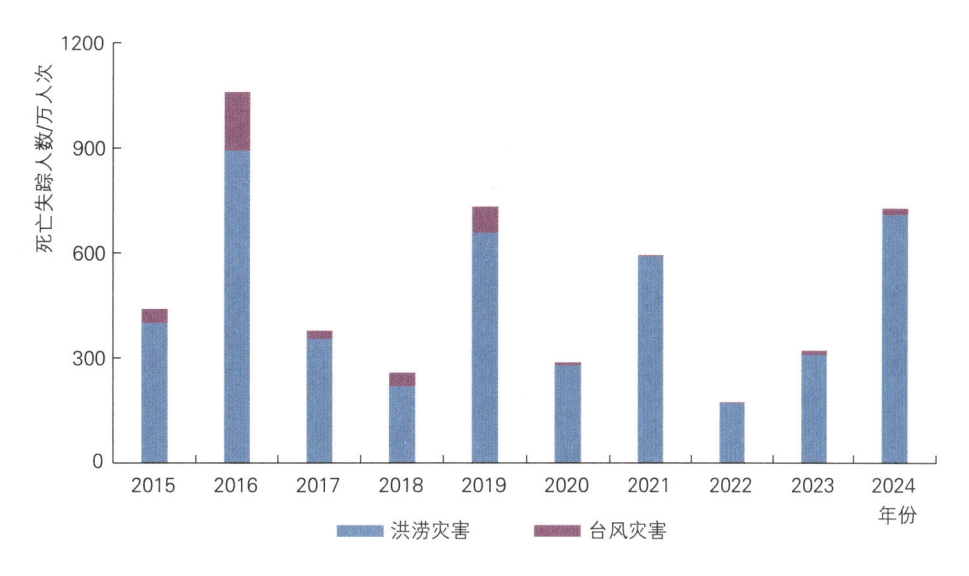

图 1.2-3 2015—2024 年我国因洪涝、台风灾害死亡失踪人数图

3. 灾害造成的经济损失居高不下，洪涝灾害损失占比最高

2015—2024 年，我国洪涝、干旱、台风三种自然灾害共造成直接经济损失 30916.76 亿元，2016 年为经济损失最大年份。其中，洪涝灾害造成的直接经济损失最为严重，达 22478.57 亿元，占总损失的 73%；台风灾害次之，造成直接经济损失 4743.89 亿元，占比 15%；干旱灾害造成直接经济损失 3694.30 亿元，占比 12%（表 1.2-3、图 1.2-5、图 1.2-6）。

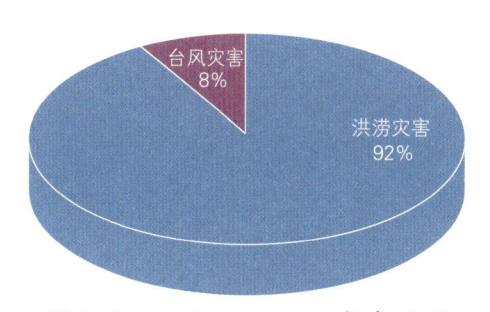

图 1.2-4 2015—2024 年我国因洪涝、台风灾害死亡失踪人数占比图

表 1.2-3 2015—2024 年我国因洪涝、干旱、台风灾害直接经济损失统计表　　单位：亿元

年份	洪涝灾害	干旱灾害	台风灾害	小计
2015	1660.75	579.22	685.52	2925.49
2016	3643.26	484.15	613.78	4741.19
2017	2142.53	437.88	337.51	2917.92
2018	1615.47	483.62	673.86	2772.95
2019	1922.70	457.40	588.70	2968.80
2020	2669.80	249.20	309.40	3228.40
2021	2458.92	200.87	152.57	2812.36
2022	1288.99	512.85	54.24	1856.08
2023	2445.75	205.51	474.91	3126.17
2024	2630.40	83.60	853.40	3567.40
合计	22478.57	3694.30	4743.89	30916.76

图 1.2-5　2015—2024 年我国因洪涝、干旱、台风灾害直接经济损失图

2015—2024 年，我国洪涝灾害在受灾人口规模、人员伤亡及经济损失等方面均占据主导地位，防汛抢险形势严峻。尽管十年间汛旱灾害影响人口整体呈下降趋势，但洪涝灾害高发性、高危害性的特征仍未改变。这对防汛抢险先进适用技术装备的研发与应用提出更高要求，亟须加快推进动态监测预警、精准查险及高效抢险技术装备的研发与应用，提升我国洪涝灾害防范应对能力。

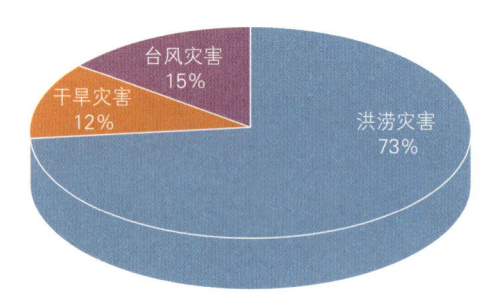

图 1.2-6　2015—2024 年我国因洪涝、干旱、台风灾害直接经济损失占比图

1.3　技术装备发展形势

新形势下，我国不断加强防汛抢险先进适用技术装备研究，在智能监测预警、多元化查险、快速抢险等关键领域核心技术装备不断优化升级。

1. 汛旱灾情监测预警技术装备发展迅速

水文气象、暴雨洪水、干旱等预报预警能力大幅提升，涌现出一批新技术、新装备，为防汛抢险工作提供了有力支撑。物联网技术依托智能感知终端，实现了水文、气象等多源数据的自动采集与实时传输，构建了多要素水文气象监测网络，增强了数据监测时效性和准确性。高精度气象雷达的广泛使用，提高了降雨强度、空间分布及动态演变趋势分析能力，大幅提升了暴雨洪水精准预报预警水平。

四川等地依托测雨雷达、雨量站、现地水位监测预警设备构建的山洪灾害防御"三道防线"，实现了预报预警、监测预警和现地预警三阶段预警。2023 年 8 月 6 日，四川省雅安市芦山县出现暴雨天气过程，最大 1h 降雨在芦山县宝盛站（88.5mm）。芦山县依托 X 波段测雨雷达，精准靶向预警沟道上游山洪灾害，提前转移白虎鹰沟等沟道涉水游玩群众 1000 余人，劝退撤离后不到 10min，沟道河水暴涨，山洪冲入民房。

水文气象数据分析领域取得重要进展。随着大数据分析技术升级和云计算平台的广泛应用，使得海量水文气象数据处理更加实时高效，突破了传统数据处理在规模与速度上的瓶颈。深度学习、模式识别等先进算法的创新应用不断深化，显著提升了数据挖掘的深度和广度。监测预警模型取得新突破，多源数据融合与动态模拟技术的发展，大幅提升了暴雨洪水预警的时效性和准确性。在应对高温干旱方面，卫星遥感与地面监测站点数据协同发展取得显著成效，通过卫星遥感与地面监测站点数据的实时协作，实现了对地表温度、土壤湿度、植被状态等关键指标的持续监测。在此基础上，干旱指数模型的构建进一步推动了干旱评估技术的定量化发展，为高温干旱预警和抗旱救灾提供了科学依据和决策支持。

2. 防汛查险技术装备水陆空多元化发展

随着探测技术和工业制造水平的进步，防汛查险技术装备种类不断丰富，装备性能持续优化，快速解译能力大幅提升，提高了设施设备在不同场景下的适用性和灵活性，更好地满足多场景防汛查险需求。各类先进查险技术的融合与创新应用提升了险情探测精度与效率，实现了监测范围空间全覆盖，已逐步形成全方位、立体化的水陆空多元防汛查险技术装备体系。

水中查险装备技术实现飞跃式发展。无人船与水下机器人技术的快速进步，使其在洪涝区域巡查中的应用日益广泛，通过搭载多波束声呐、侧扫声呐、摄像系统等先进设备，显著提升了数据采集效率，为洪涝区域的快速、精准巡查与监测提供了有力支撑。多波束声呐技术发展显著。从早期的二维成像到如今的高精度三维建模，多波束声呐在水下地形测绘和障碍物识别方面取得了长足进展。通过构建水下地形高精度三维图像，能够清晰识别水下障碍物、河床变化等关键信息。侧扫声呐技术同样实现了重要突破。通过改进扫描算法和信号处理技术，侧扫声呐在探测水下潜在隐患方面的能力大幅提升，其高分辨率扫描技术能够发现潜在的冲刷、塌陷等隐患，为洪涝区域风险防控提供技术保障。2024年7月，湖南省团洲垸洞庭湖大堤决口封堵中，无人船精准测量溃口水下地形、水流速度、流量等关键数据，为抢险队伍精准抛石封堵决口提供了支撑。在陆上查险技术装备方面，车辆搭载探地雷达、高密度电法、地面瞬变电磁和激光雷达等探测技术，在堤防险情快速巡查与探测方面得到广泛应用。通过电磁波技术和三维激光系统，能够在移动中对堤防的下层结构进行深入检测，扩大了检测范围、提高了检测效率、提升了检测精度，使堤防下层结构隐患可以被及时发现。智能全地形堤坝勘测机器人投入实际应用，在坡面开展巡查作业，基于液压式全地形底盘，能够在各种复杂地形下灵活作业，有效弥补了人工巡查的不足。其配备的双光谱云台和堤坝巡检探测载荷，提升了对堤坝表面及内部结构检测的精细度，为科学处置险情提供解决方案。空中查险技术装备方面，无人机作为空中平台，在堤防和河道巡查中成为重要的技术手段。通过搭载瞬变电磁、可见光与红外热成像等多种传感器，实现了对堤防、河道及周边区域的快速巡查和监测。其高机动性和灵活性，扩大了监测范围，为防洪工作提供了大量实时、有效的数据。瞬变电磁技术用于探测堤坝内部的隐患，可见光与红外热成像技术则能捕捉堤防表面的细微变化，如裂缝、渗水等。无人机的高机动性和灵活性使得其能够迅速到达人难以到达的区域，提供实时、全面的监测数据。此外，通过多源数据融合和智能算法，实现了对堤防隐患的全方位、高精度探测与识别，提升了堤防险情探测的预见性和准确性。

2021年4月，国家防汛抗旱技术研究中心在江西省永修县举办首次全国堤防隐患和险情快速探测先进技术装备测试试验（图1.3-1、图1.3-2），选取九合联圩堤段和人工险情模拟筑堤段，采用高密度电法、瞬变电磁法、探地雷达法、伪随机流场法、弹性波探测、地震面波、无人机巡检等8种方法快速探测管涌、裂缝、塌陷等可能险情，来自11个厂家的18种设备进行了已知险情的测试验证和"同堤段"探测分析，全面测试了当前水陆空探测技术装备在防汛查险中应用的优势与不足，为防汛抗洪查险工作"机械化换人、自动化减人"指明了方向。

| 无人船声呐 | 伪随机流场探测 | 瞬变电磁设备 |
| 全航空瞬变电磁 | 三维雷达 | 地震面波设备 |

图1.3-1　各类巡堤查险装备试验现场

3. 防汛抢险救援技术装备无人化智能化发展

随着装备数字化及物联网信息技术的快速发展，防汛抢险救援技术装备呈现无人化、智能化发展趋势，先进技术推动传统人海战术向装备主导模式转变，提高了应急抢险救援的效率和安全性。

无人化装备正成为应对复杂和危险救援环境的重要力量。无人机、机器人等装备能够深入人员难以到达或高度危险的区域，执行搜救、物资投送等关键任务，有效保障救援人员的安全。这些装备响应快速、部署灵活，可以在短时间内抵达灾害现场并迅速展开救援行动。其中，无人机凭借高效、灵活和安全等特性，逐步成为防汛抗洪领域不可或缺的力量，在堤防巡查、汛情实时监测、汛情侦查、物资投送等领域得到广泛应用。2024年6月，广东省梅州市"6·16"特大暴雨抢险救灾工作中，利用无人机获取重点受灾区域航空影像图，展现重点区域灾害全貌，经对比灾害前后影像，提取受损情况，形成灾情速报，为道路疏通与抢险救灾提供支撑。同时，利用无人机搭载移动通信基站，向通信中断区域居民发送应急通知

江西永修模拟管涌、疏缝、塌窝等缺陷试验堤段

无人机红外　　　　高密度电法结果　　　　地震面波结果

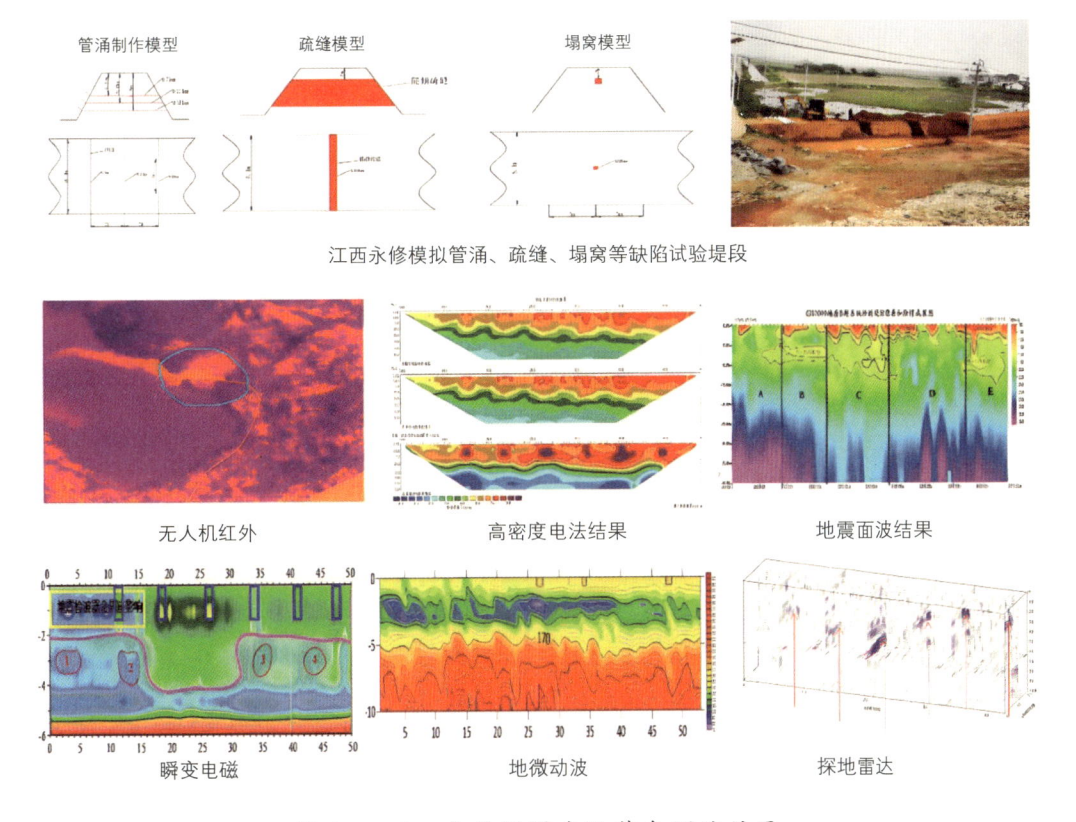

瞬变电磁　　　　地微波　　　　探地雷达

图1.3-2　各类巡堤查险装备测试结果

短信，为梅州市受灾严重区域提供应急通信。

水上救生遥控机器人、应急抢险救援无人船救生圈等救援装备的应用，可突破湍急水流和复杂地形的阻碍，快速抵达被困人员位置，实现了救生救援远程操控，提升了抢险作业的安全性。2021年河南省"7·20"特大暴雨灾害期间，救援人员远程操控水上救生遥控机器人，成功解救多名被困群众。

智能化远程操控平台实现了对无人装备的实时操控与指挥，使救援行动更加灵活多变。智能感知技术则实时监测灾害现场的环境变化，预警潜在风险，为救援人员提供了重要的安全保障。这些技术的应用，极大地提升了抢险救援的效率和安全性。

智能化防汛应急指挥通信车由卫星通信系统、视频会议系统、5G无线图传系统、通信系统、智能综合控制系统等多系统组成，通过与远地指挥中心图像监控、语音联络、数据查询及指挥调度互联互通，已成为应急抢险一线的移动指挥中心，通过技术创新和系统集成，有效解决了通信中断、协同效率低、资源调度不精准等传统防汛抢险难题。2024年广东省台风灾害救援中，利用智能化防汛应急指挥通信车，与远地指挥中心实现图像监控、语音联络、数据查询及指挥调度互联互通，为现场救援指挥提供了高效、准确的决策支持，确保了救援工作的有序进行。

4. 应急技术装备产业规模逐步壮大

2014年国务院办公厅印发《关于加快应急产业发展的意见》以来，我国安全应急产业快速发展，产业规模持续扩大，2018年，国家机构改革组建应急管理部，安全应急产业实现跨

越式发展。据统计，2019年我国安全应急产业达到10188亿元，2020年达15231亿元，年增长率接近50%，2021—2023年，我国安全应急产业年产值分别为17211亿元、19448亿元、21340亿元，年均增长率保持在10%左右。2024年5月，国家防汛抗旱总指挥部办公室、应急管理部、浙江省政府在浙江省金华市等地举办"应急使命·2024"超强台风防范和特大洪涝灾害联合救援演习中，一大批在"防大汛、抗大洪、抢大险、救大灾"中发挥关键作用的"防汛神器"纷纷亮相，大量应急救援新装备、新技术、新战法各显神通，充分显示数字化、智能化、无人化的防汛技术装备已成规模，且逐年增长显著。《安全应急装备重点领域发展行动计划（2023—2025年）》中提出，力争到2025年安全应急装备重点领域产业规模超过1万亿元，防汛应急技术装备产业规模必将逐步壮大。

2 防汛查险技术装备

2.1 防汛查险技术装备应用概况

防汛险情探测经历了从原始的人工查险，到借助物探装备排查险情，再到研发防汛险情探测自动化专用技术装备的发展过程。按照装备应用场景空间分布的不同可分为陆上、水中和空中三类查险技术装备。陆上查险技术装备有险情探测技术装备，如探地雷达和高密度电法设备，适用于地面巡查和建筑物检测；也有监测预警技术装备，如雷达暴雨监测告警设备、光/压电式雨量计，适用于险情的快速预警预报。水中查险技术装备包括无人船探测技术装备和无人遥控潜航器技术装备，专用于水下灾情和构筑物探测。空中查险技术装备则通过无人机搭载传感器，结合三维建模技术，实现大范围、全天候的堤坝巡查与数字化管理，助力科学决策。防汛查险技术装备体系如图2.1-1所示。

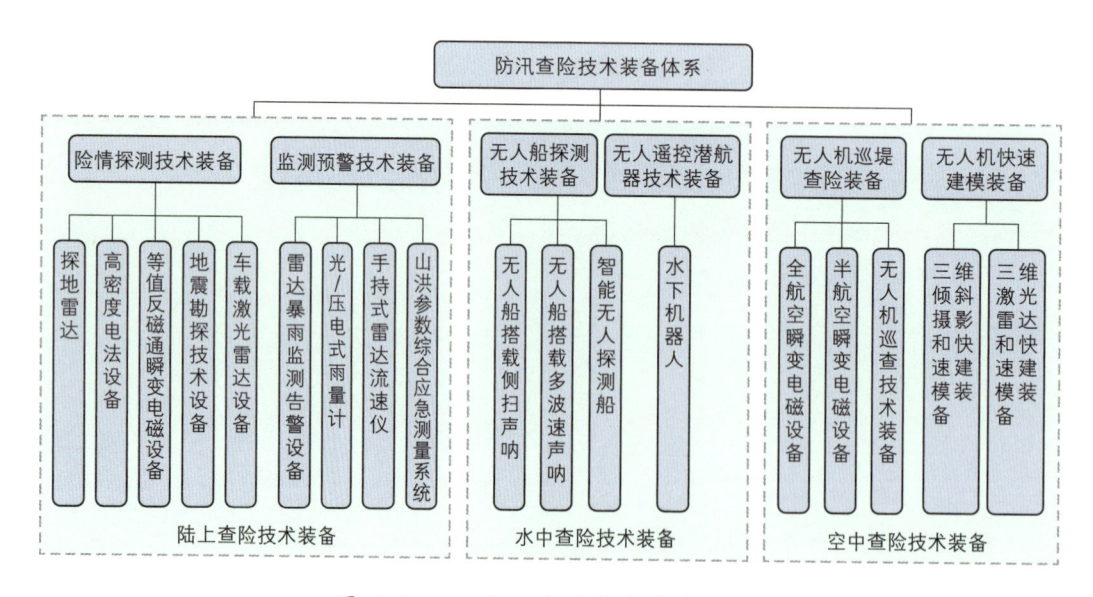

图2.1-1 防汛查险技术装备体系

2.2 陆上查险技术装备

陆上探测技术装备可直接在地面或建筑物表面进行巡查探测，能够通过非破坏性手段对地下结构、地质情况、建筑物内部缺陷等进行快速、精准的检测。常见的探测技术包括高密度电法、地质雷达、激光雷达、超声波探测等，陆上查险技术装备包括险情探测技术装备和监测预警技术装备。

2.2.1 险情探测技术装备

1. 探地雷达

探地雷达是一种探测地下目标的有效手段，也是一种无损探测技术，利用电磁波反射原理、能谱吸收特性进行地下探测，分二维和三维探地雷达设备。

二维探地雷达主要由雷达主机、计算机、导航定位系统、通信设备、服务器和雷达天线组成，具有探测精度高、速度快等特点。可进行剖面探测，探测深度较三维雷达深。

二维探地雷达探测深度和分辨率主要取决于雷达天线频率，堤防探测雷达天线频率主要在70~600MHz之间，有非屏蔽和屏蔽两种天线类型。探测深度由天线频率、地层导电特性确定，最大探测深度可达20m。探测分辨率根据天线频率、目标尺寸、目标深度确定，最高可达10cm。

二维探地雷达设备（图2.2-1）除传统推拖测量方式外，已发展助力推车、汽车、无人机搭载等方式，借助北斗导航定位功能，实现沿运动轨迹实时探测，可用于探测堤顶以下几米至十几米的管涌、空洞、疏松层等渗漏隐患。

图 2.2-1 二维手推、车载、机载探地雷达

三维探地雷达设备（图2.2-2）主要由雷达主机、计算机、导航定位和通信设备、服务器和雷达天线等组成，三维雷达具有宽带扫描、三维建模等特点，能及时反映堤防内部病害三维分布情况。

三维探地雷达有阵列天线和单天线扫描两种，采用北斗导航定位、车载阵列扫描或机械旋扫。天线阵的频率主要为200~600MHz，单天线机械旋扫频率一般为100MHz。

相比于二维探地雷达，三维探地雷达能够精确识别堤坝浅部隐患的形状、大小、深度和空间位置，有助于发现传统方法难以察觉的隐患。

探地雷达设备典型应用案例见专栏1和专栏2。

图 2.2-2 三维探地雷达设备

专栏1 探地雷达设备典型应用案例

2021年5月，应急管理部防汛抗旱司、水电水利规划设计总院、中国电建集团贵阳勘测设计研究院有限公司在江西省永修县九合联圩开展堤防隐患和险情快速探测技术现场试验工作，分别采用CO730双频雷达和Raptor-17阵列雷达沿2号试验段堤坝顶面中线分别完成堤坝险情探测试验，快速、准确识别内部空洞、蚁穴、管涌通道等隐患区域位置，典型成果图如下所示。

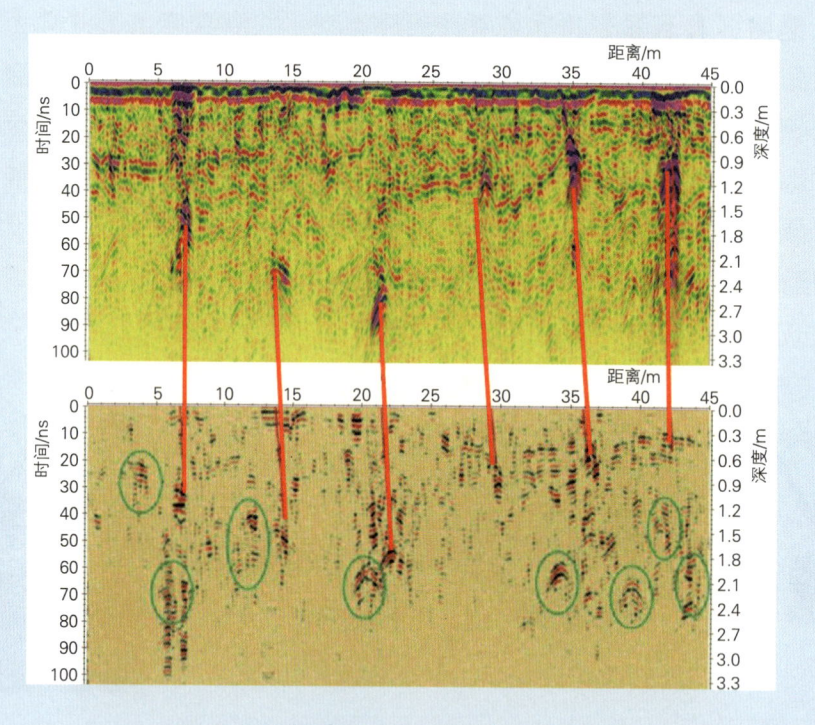

CO730双频雷达300MHz探测成果图

注：上图为注水前的探测成果，下图为注水后的探测成果。绿圈为注水后新发现的异常区。

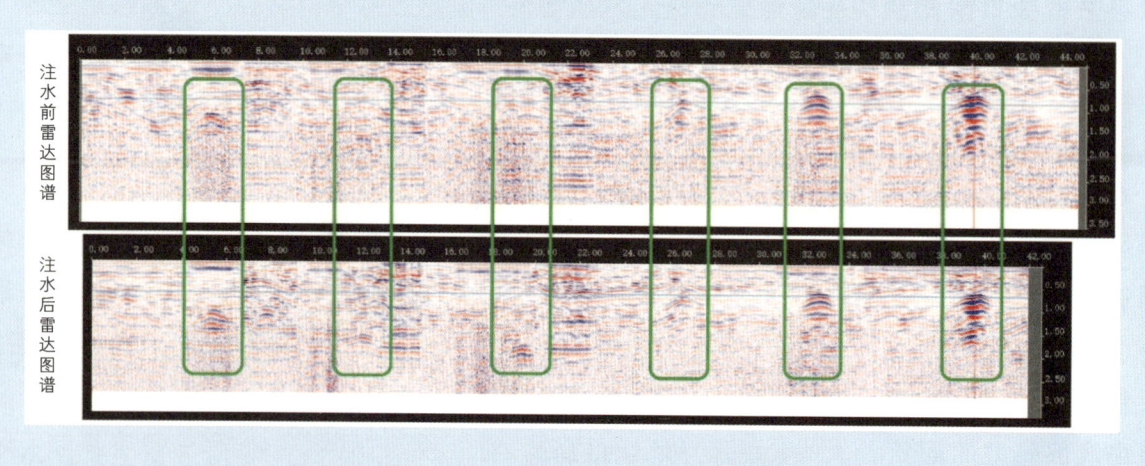

Raptor-17阵列雷达探测成果图

注：注水后管涌模型 $\phi 75mm$、$\phi 110mm$、$\phi 160mm$ 的反应更加清晰。

专栏2　三维探地雷达设备典型应用案例

  2024年7月2日，中国电建集团贵阳勘测设计研究院有限公司在江西永修县立新、三角、艾城、涂蚌四段30多公里堤防和云山水库大坝，分别采用3D成像雷达和3D能谱雷达进行险情探测，典型成果图如下所示。

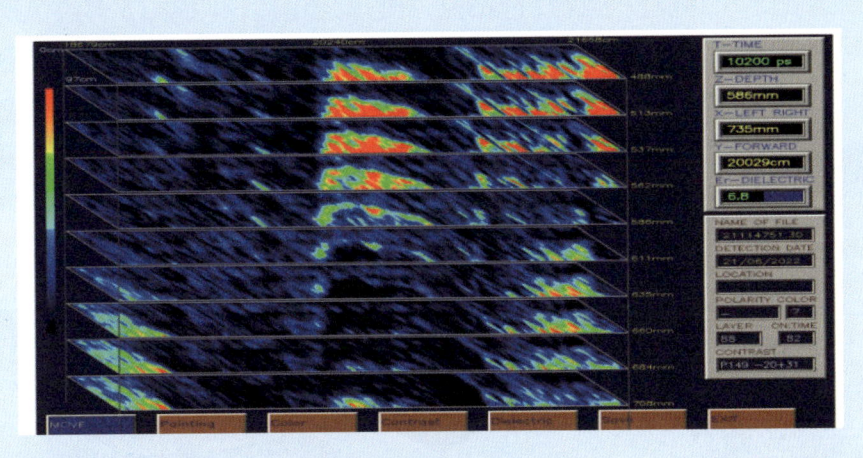

3D成像雷达探测成果图

3D能谱雷达探测成果图

2. 高密度电法设备

  高密度电法通过在地表布置阵列电极，通过对阵列电极进行电流发射和测量，获得电极剖面内电阻率分布图像，定位渗漏点或渗漏通道，从而识别可能渗漏的区域。高密度电法设备中的两种主要类型为级联式高密度电法测量系统和分布式高密度电法设备。

  级联式高密度电法测量系统（图2.2-3）由采集主机和多路电极转换器组成。可观测视电阻率和视极化率等参数并实时形成二维、三维断面，具有数据密度高、观测精度高、施工效率高等特点。

  目前，级联式高密度电法测量系统典型产品在探测深度、范围和精度（分辨率）等方面均有了大幅提升。主要功能指标：可探测隐患最小尺寸达探测深度的1/10，探测深度≥30m，可识别坡面变形范围≤1m×2m，探测速度≥10km/h；高精度详细探测模式下，可探测隐患最小尺寸达探测深度的1/20，探测速度≥1处隐患点/h，探测深度≥30m。可以实现实时数据采集，支持高频次采样，采用内置电池供电，机动性和灵活性都有很大提升。

级联式高密度电法测量系统可对深部低信号多次叠加，提高系统的抗干扰能力和数据采集的准确性，主要适用于非汛期堤基、堤身深部隐患定位排查。

分布式高密度电法设备（图2.2-4）由采集主机、程控交换机、电缆电极装置等组成，数据采集单元分布在多个采集节点上，各节点间通过无线或有线方式独立传输数据到中心控制系统。它能够在更广的区域内分布电极，实现更灵活的布置和数据传输，减少了电缆数量的限制，可利用远程终端对现场主机进行操控，实现远程监控测量。

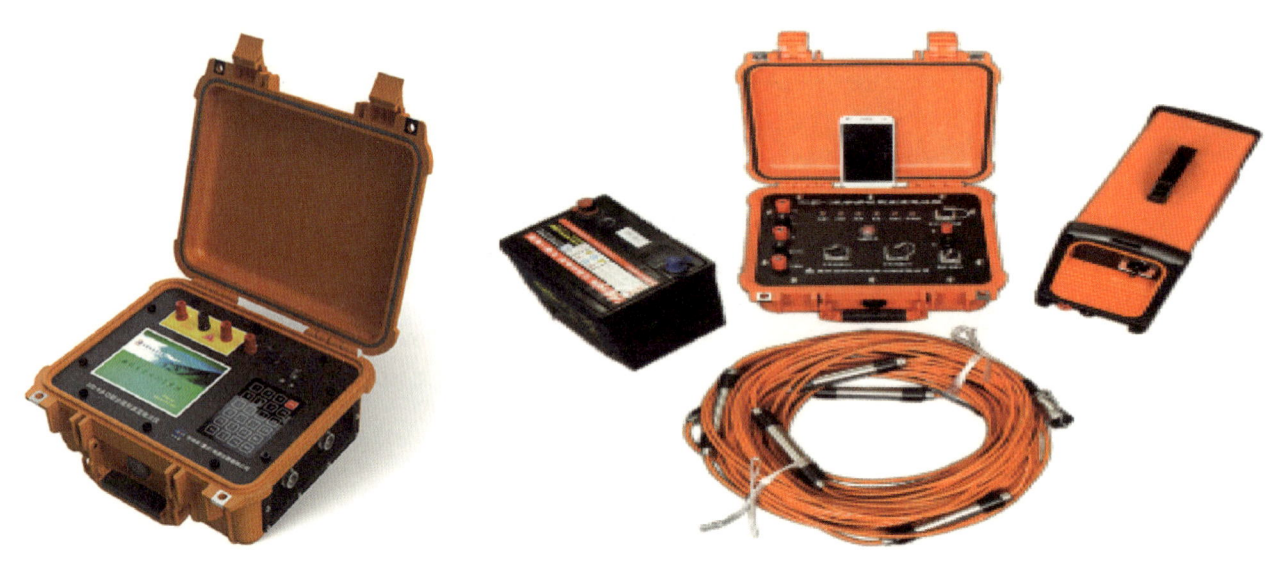

图2.2-3 级联式高密度电法测量系统

图2.2-4 分布式高密度电法设备

分布式高密度电法设备典型产品探测深度最大可达百米，浅层探测分辨率可达1m，可灵活扩展电极数量，电极数量可达数百个，采样频率最大可达1000Hz，支持高速数据传输，支持太阳能供电或外接电源模块。

分布式高密度电法设备具有高度灵活性，能够快速部署，适合大规模、复杂地形下的隐患探测与监测，尤其适用于地质灾害监测与长时间无人值守的场景。高密度电法设备典型应用案例见专栏3。

专栏3 高密度电法设备典型应用案例

2020年7月，江西省受持续强降雨及长江上中游来水影响，汛情形势严峻，全省启动防汛Ⅰ级应急响应。防汛专家奔赴鄱阳县等防汛一线，利用高密度直流电法仪排查堤防险情，在鄱阳县碗子圩和畲湾联圩进行堤坝渗漏通道探测，其中在碗子圩探测到8处渗漏通道，在畲湾联圩探测到1处渗漏通道，及时指导抢险处理，其成果如下图所示。高密度电法具有高效、准确、及时的特点，有助于加快险情排查，增强抢险针对性，缩小处理范围，节约处理成本。

(a) 蓄水前高密度反演剖面图

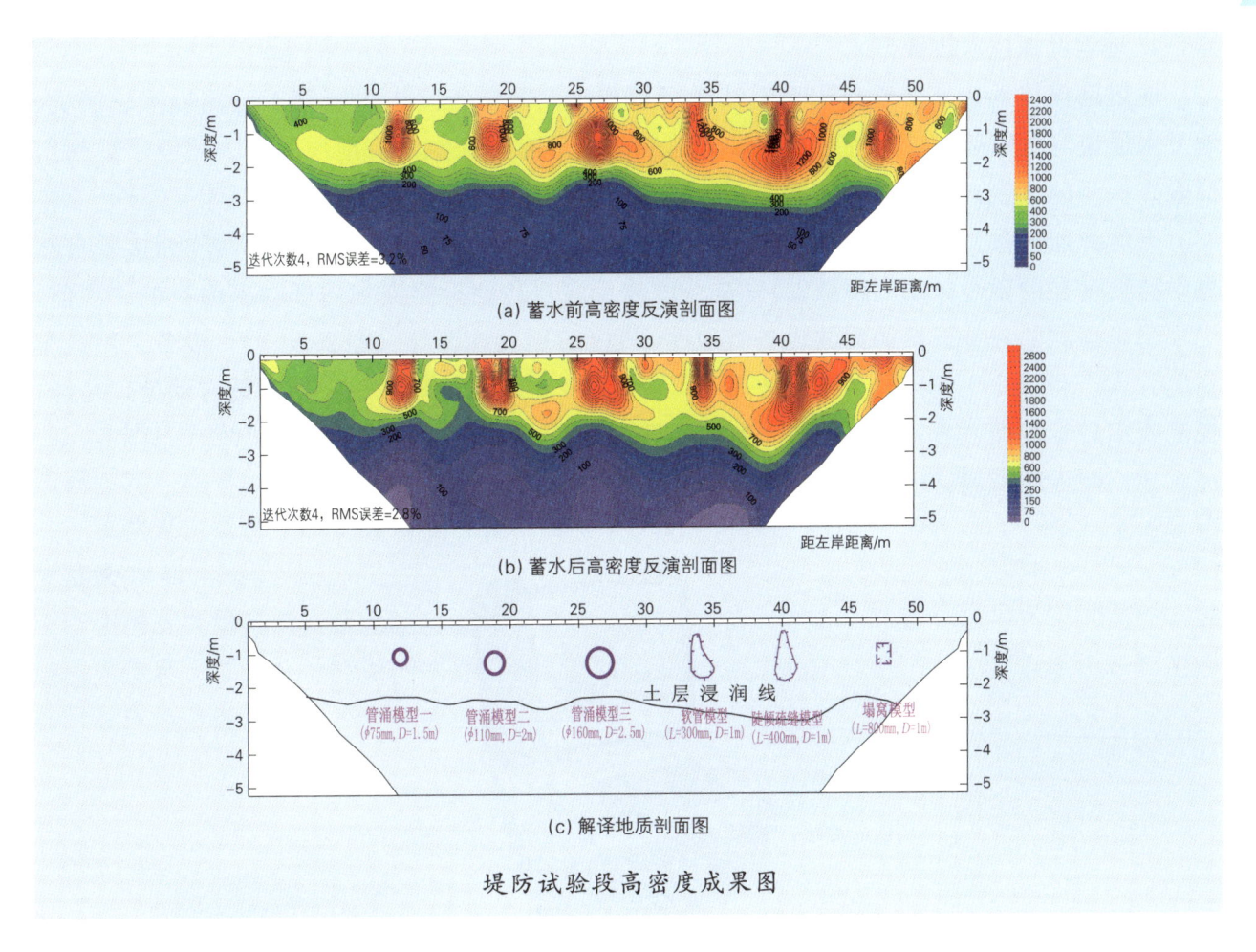

(b) 蓄水后高密度反演剖面图

(c) 解译地质剖面图

堤防试验段高密度成果图

3. 等值反磁通瞬变电磁设备

等值反磁通瞬变电磁设备（图 2.2-5）与传统瞬变电磁设备相比，采用自平衡软件确定零磁通面代替传统机械调零磁通法，可有效减少早期一次场影响，能有效消除早期过渡场干扰，提高横向分辨率和测量精度。

等值反磁通瞬变电磁设备采用车载方式进行测量，利用北斗定位。车载测量速度可达 5km/h，探测深度可达 30m。

等值反磁通瞬变电磁设备主要用于探测堤坝基础深部潜在的管涌等隐患。

(a) 等值反磁通瞬变电磁仪 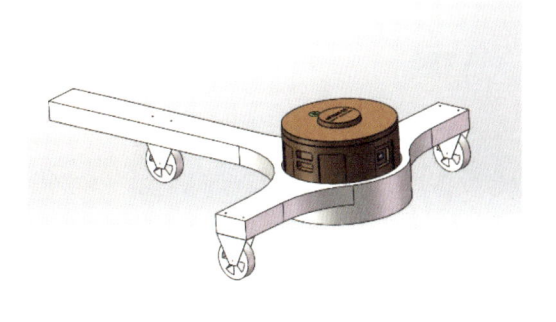　　(b) 天线车

图 2.2-5　等值反磁通瞬变电磁设备

4. 地震勘探技术装备

地震勘探技术装备主要利用地震波进行探测，在防汛查险中主要用于检测堤坝、河堤、地下水通道等关键部位的结构和稳定性，识别潜在的渗漏、空洞、地质隐患。适用于堤坝内部隐患探测的地震方法主要有天然源面波法和地震映像法。

天然源面波法，也称地震微动法，利用地震表面波特性，通过布置检波器阵列接收自然界中持续存在的微小振动（即微动），进行面波反演，达到探测堤坝内部隐患的目的。当前，堤坝隐患探测的典型天然源面波设备有地质B超GS微动探测仪（图2.2-6），设备采用汽车拖曳方式，利用北斗定位，多条检波串组可进行2D和3D探测，具备AI智能自动处理功能，探测效率较常规面波提高近10倍，最大探测深度达30m。主要用于非汛期堤身隐患探测，可有效探测堤防坍塌、空洞、空穴等隐患，可沿堤顶部、背水坡面布置。

(a) 地质B超主机

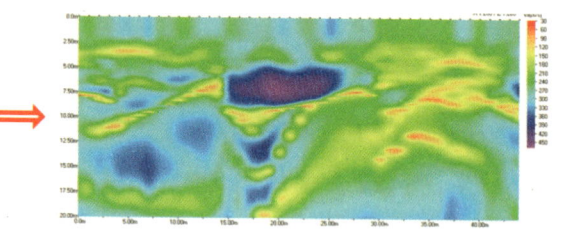

(b) 工作场景及成果图

图 2.2-6 地质B超设备

图 2.2-7 地震映像设备

地震映像设备（图2.2-7）利用地震波反射原理，实现对堤坝隐患的精细探查，通过超声波信号的反射特性，能够识别出堤坝内部结构变化，提前发现潜在风险。

设备采用车载方式，利用北斗定位，在行进中自动进行地震波激发和接收，具有集成度高、分辨率高、激发一致性好等特点。具有抗干扰能力强、数据处理智能自动化、成果数据无线实时传输、堤坝检测成果图实时显示等特点。

设备主要用于检测堤坝内部的裂隙、空洞、浸水等隐患情况。

5. 车载激光雷达设备

激光雷达是激光探测及测距系统的简称，由发射机、天线、接收机、跟踪架及信息处理系统等部分组成。通过测量激光脉冲从发射到反射回接收器的飞行时间来计算目标物体的距离，其能够在任何光照或天气条件下收集数据，支持全年运行。

激光雷达测距精度可达到±(1～2)cm，扫描范围支持水平360°，垂直90°视角，测量距离从数百米至数公里，扫描速率高达每秒10万至100万个点云。

车载激光雷达设备（图2.2-8）可行驶在堤顶部公路，实现对堤身险情的快速巡查，通过定期扫描堤坝和河堤，获取其表面三维数据，识别堤坝形变或异常裂缝。

(a) 车载激光雷达　　(b) 激光雷达设备

图 2.2-8　车载激光雷达设备

2.2.2　监测预警技术装备

1. 雷达暴雨监测告警设备

雷达暴雨监测告警设备（图2.2-9）是一种用于实时监测和分析降水情况的气象设备。主要通过雷达技术来追踪和预测暴雨的强度、范围和移动路径，实时监测天空降落的液态（雨）和固态（雪、雹）水量、风速、风向、温度、湿度，并记录测量结果。

雷达雨量测量范围0～200mm/h，分辨力0.1mm，输出频率1s；超声波风速测量范围0～70m/s，分辨力0.1m/s，精度优于±3%；超声波风向测量范围0°～359°，分辨力1°，精度优于±3°；大气温度测量范围-40～+80℃，分辨力0.1℃，精度优于±0.5℃；大气湿度测量范围0～100%RH，分辨力1%，准度优于±5%RH；流速测量精度优于±0.03m/s；测深范围0～50m，精度±1cm+0.1%水深值；视频分辨率≥800万像素。

图 2.2-9　雷达暴雨监测告警设备

其适用于实时监测山洪、泥石流等灾害可能发生的区域，提供山洪灾害早期预警信息。在城市内涝易发区域，通过监测城市降雨情况，提前预警。雷达暴雨监测告警设备典型应用案例见专栏4。

专栏 4　雷达暴雨监测告警设备典型应用案例

2023年8月6日，四川省芦山县出现暴雨天气过程。15时许，测雨雷达探测到芦阳街道白虎鹰沟上游无人区出现维持35min的极强回波，经过分析计算出小时雨量可达100mm左右。立即向芦阳街道办发出了山洪预警，街道迅速组织、劝离在白虎鹰沟游玩的1000余名群众。撤离后不久，沟道内河水便开始暴涨，山洪冲入民房，雷达暴雨监测告警设备为后续组织危险区群众撤离争取了宝贵时间。

2. 光/压电式雨量计

光/压电式雨量计（图2.2-10）是一种用于测量降水量的仪器。光电式雨量计通过光束检测降水颗粒的数量和大小，压电式雨量计则通过测量降水冲击产生的压力变化来估算降水量。两种雨量计都能够提供实时的降水数据。

(a) 光电式雨量计　　(b) 压电式雨量计

图2.2-10　光电式雨量计和压电式雨量计

光电式雨量计测量范围可达200mm/h，测量精度±5%，分辨率可达0.1mm/h，压电式雨量计有效压电面板尺寸大于ϕ200mm，最大可测量8mm/min降雨雨强，分辨率可达0.1mm/h，测量精度±4%。

光/压电式雨量计具有高精度性、实时监测、非接触（光学）测量等特点，并且通常具有较高的耐用性，可在恶劣天气条件下稳定工作，能够在气象监测、水资源管理、洪水预警等领域发挥重要作用。

3. 手持式雷达流速仪

手持式雷达流速仪是一种便携式设备（图2.2-11），通过向水面发射高频电磁波（雷达波），雷达波以特定频率和方向传播，遇到水流中的微小颗粒或涟漪时会发生散射，设备的接收器接收到反射回来的雷达波，利用多普勒效应来测量水流速度和方向。

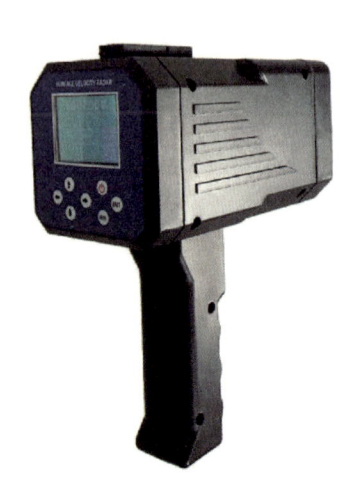

手持式雷达流速仪可实现非接触式测速，标准测试距离≥50m；测量范围0.03～20m/s，精度优于±0.03m/s；角度补偿：水平、垂直角度自动；电池容量≥2800mAh；重量≤1.2kg。

图2.2-11　手持式雷达流速仪

手持式雷达流速仪具备便携性、实时测量、高精度、操作简便等特点，其手持式设计便于在现场操作和移动，适合各种环境下的流速测量，特别适用于洪水或者急流等不易使用入水式测量仪器的现场检测。

4. 山洪参数综合应急测量系统

山洪参数综合应急测量系统（图 2.2-12）是一种用于山洪监测和应急响应的综合性测量系统。它集成雨量、风速、风向、温度、湿度、流速、水位等模块化监测设备，形成多参量、一体化现场应急监测装备，实时监测和分析山洪发生过程中涉及的各种参数。

山洪参数综合应急测量系统的雨量监测测量范围为 0～500mm/h，测量精度可达 ±0.1mm，水位监测测量范围为 0～30m，测量精度可达±1mm，流量监测测量范围为 0.01～10m³/s，测量精度±2%。采用北斗卫星导航系统（视频除外）、远距离无线电（LoRa）、4G/5G 等多模式通信方式。

山洪参数综合应急测量系统适用于山区、丘陵地带，实时监测降雨、水位、流量等关键数据，为提前防控洪水灾害提供数据支持。

图 2.2-12 山洪参数综合应急测量系统

2.3 水中查险技术装备

水中查险技术装备是在江河湖面或潜入水中对堤防或水下隐患进行探测的装备，多应用于汛期水情非常复杂时的水下探测，分为无人船及搭载设备、无人潜航器装备两类。其中无人船可搭载侧扫声呐、多波束声呐、水质分析仪、摄像系统等。

2.3.1 无人船探测技术装备

1. 无人船搭载侧扫声呐设备

侧扫声呐设备（图 2.3-1）是一种通过发射高频声波并接收其在水下目标上的反射回波

来探测水底的设备。其发射的声波以扇形区域传播，在遇到水底或障碍物时发生反射，回波信号被接收器捕捉并转换为电信号，经过处理生成水下地形的高分辨率图像。

无人船搭载侧扫声呐设备主要在水下开展作业，侧扫声呐设备像素精度最高可达1cm×1cm，距离分辨率≤1cm，单侧量程100m左右。

侧扫声呐探测效果直观可靠，适用于堤防、涵闸等防洪工程水下塌陷、漏洞等形变破坏的精准探测，可以在汛期晴、阴、中等雨浪条件下进行堤防水下险情快速巡查。

2. 无人船搭载多波束声呐设备

多波束声呐设备通过同时发射多个声束来探测水下环境，这些声束以不同角度覆盖广泛区域，反射回的声波被接收器捕捉。设备通过分析回波的时间延迟和强度变化，生成高分辨率的三维水底地形图像。

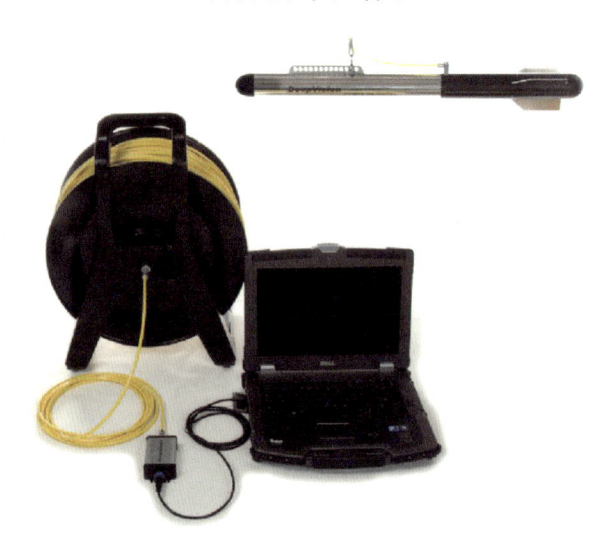

图 2.3-1 侧扫声呐设备

无人船搭载多波束声呐设备（图 2.3-2），在江河湖库等水域环境开展水中探测作业，实现库容测量、建筑水下部分扫测和航道高精度测绘作业。最小型号船体尺寸为1.6m×0.6m，船体采用碳纤维材质，喷泵式推进方式，可续航4h，具有智能化、吃水浅、适航性强等特性，可有效克服水位变化快、浅滩多等复杂水域问题。

与传统单束声呐相比，多波束声呐能够高效地提供广泛的测深数据和详细的地形信息，对于识别和评估堤坝基础、河床变化以及可能的隐患区域至关重要。

3. 智能无人探测船

相较于普通无人船搭载单一探测装备，智能无人探测船（图 2.3-3）采用模块化设计，系统能够搭载单波束、多波束、侧扫、水质分析仪等多个传感器，作业单元集成方便，可自主切换，预留扩展接口，一体化载波相位差分技术（Real-time kinematic，RTK）性能稳定，可进行水下地形测量。

图 2.3-2 无人船搭载多波束声呐设备

图 2.3-3 智能无人探测船

小型智能无人探测船重量可轻至14kg，船体为复合材料、具有坚固、耐波性好、速度快、航行稳等特点。基站采用全向双天线，遥控距离可达2km，数据传输稳定，船控集成GPS和惯性导航，能够自主导航，作业精准高效，设置有一键返航功能。

智能无人探测船适用于在堤坝周围进行定期监测，检查堤坝的稳定性和潜在隐患，评估河床形态变化，监测河道淤积情况。无人船探测设备典型应用案例见专栏5。

专栏5　无人船探测设备典型应用案例

2024年7月5日16时许，湖南省岳阳市华容县团洲垸洞庭湖一线堤防（桩号19+800）发生管涌险情。17时48分许，近两小时的紧急封堵失败后，堤坝决堤。7月7日，华容团洲垸决口抢险紧张有序进行，无人机、监测船、探测仪等科技力量大显身手，黄色无人监测船在不影响物料投放的情况下，见缝插针游走在决口两端。该船能实现厘米级定位，通过传感器来查勘水下地形，提供决口水下地形情况、石头分布，支撑指挥部作出科学调度。另一艘遥控船搭载了声学多普勒流速剖面仪，通过往返测验断面，快速生成被测断面的水深、流速等数据，为决口封堵、二级堤防查险固堤提供强大助力。

2.3.2　无人遥控潜航器技术装备

无人遥控潜航器（Remotely Operated Vehicle，ROV），俗称水下机器人（图2.3-4），能够在水下环境中完成长时间、近距离观察作业。搭载高清水下摄像系统以视觉感观系统直接获取结构体表面状况，通过对结构体表面的成像直观反映其性状。

图2.3-4　水下机器人

无人遥控潜航器推进器配置优于4（水平推进器）+2（垂直推进器），最大推力≥300kN，最大航速≥2节，电池续航≥4h；搭载水下照明灯数量≥2个，单个亮度≥3000lm，可调亮度；相机视角≥120°，分辨率≥1920×1080；传感器深度测量精度优于±0.2m，温度测量精度优于±0.5℃；具备自动定向、自动定深功能；线缆优于5000kN抗拉强度，最长≥300m。

无人遥控潜航器具有一定的水下运动能力，高清摄像头与水下照明灯可保证水下摄像的质量。其可拓展机械臂、水质传感器、多波束声呐、高度计等设备，完成水下检查、水下抓取等工作。

2.4 空中查险技术装备

空中查险技术装备是以无人机为载体，综合应用瞬变电磁、可见光与红外热成像、激光雷达等技术，实现全天候监测巡查。本节主要介绍无人机巡堤查险装备、无人机快速建模装备（含无人机平台）等先进适用技术装备。

2.4.1 无人机巡堤查险装备

1. 全航空瞬变电磁设备

全航空瞬变电磁设备（图2.4-1）是在地面拖曳式瞬变电磁系统基础之上，采用无人机搭载改进而成的全航空瞬变电磁系统。系统提升了发射磁矩，减轻了重量，采用无人机搭载的方式实现全航空的瞬变电磁探测，具有发射磁矩大、飞行高度低、探测效率极高、不受地形限制、操控简单、安全性高等特点。

图2.4-1 全航空瞬变电磁设备

全航空瞬变电磁典型设备最大起飞重量可达47.5kg，可悬停10min，最大飞行海拔高度2000m，可选1Hz、2Hz、4Hz、8Hz、16Hz、32Hz、48Hz发射频率，采用差分定位，精度可达2cm，能够进行低空连续测量，具有2m/s的飞行采集速度。

全航空瞬变电磁设备作为空中探测设备，能够在复杂的气候条件下工作，不受地形和天气的限制，特别适用于汛期紧急检查。通过机载平台进行大面积覆盖，比地面探测设备更快速和高效，尤其适合长距离堤防巡查和隐患排查。

2. 半航空瞬变电磁设备

半航空瞬变电磁设备通常由低空飞行器（图2.4-2）携带，在较低的高度或地面上进行测量。它能够较为灵活地进入地面条件较为复杂的区域，进行详细的局部探测。设备结合了地面瞬变电磁系统和航空瞬变电磁系统的优点，采用地面发射、机上接收的方式进行作业，获得目标区

图2.4-2 无人机搭载的半航空瞬变电磁设备

的电性资料，反演得到目标区的低阻异常。

与全航空瞬变电磁仪相比，半航空瞬变电磁仪的地面发射装置可以提供更强的电磁信号，确保探测的精度和深度，特别是在深部隐患或复杂地质条件下，半航空系统能够提供更清晰的地下结构信息。

半航空瞬变电磁仪能够探测堤防更深层次的隐患，如深部渗漏、土层异常等，能够提供更高的精度和更清晰的地下成像。

3. 无人机巡查技术装备

无人机可搭载激光雷达、可见光和红外摄录像机等巡查技术装备，在白天、夜晚及雨天进行不间断飞行排查，无人机巡查技术装备如图 2.4-3 所示。无人机巡查技术装备可以执行安全巡航、实时监控、隐患侦测、红外识别、风险定级、现场情况建模还原等飞行及监控任务，并能将高清视频直播或高像素照片远程实时传输到指挥中心，保障获取第一手高空视角资料，还能开展对受灾现场情况分析、周边山体道路情况分析等工作，对掌握灾情信息和处置突发事件发挥重要作用。

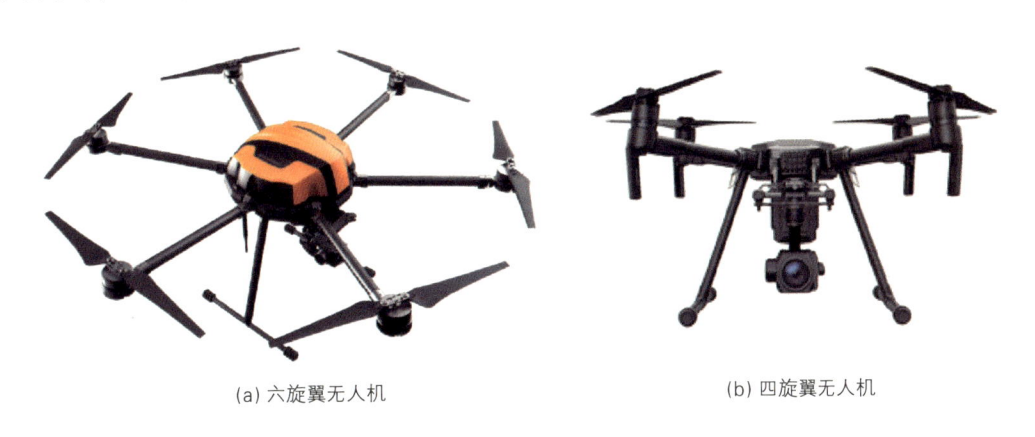

(a) 六旋翼无人机　　　　　　　　(b) 四旋翼无人机

图 2.4-3　无人机巡查技术装备

无人机巡查技术装备可发现直径≥5cm 的管涌渗流，漏检率≤5%，误检率≤30%，识别堤防表面≥1m 范围的滑坡、塌窝险情，背水坡直径≥5cm 的点状渗漏隐患和直径≥10cm 的面状渗漏隐患，识别时间≤5s，险情识别结果自动在地图上定位、标识，并进行报警。

无人机巡查技术装备适用于堤坝汛期大范围巡查巡视，具有渗水辨识灵敏、成像分辨率高、可视化效果好等优势，具有替代人工巡堤的技术应用前景。无人机巡查技术装备典型应用案例见专栏 6。

专栏 6　无人机巡查技术装备典型应用案例

2024 年 5 月，国家防汛抗旱总指挥部办公室、应急管理部、浙江省政府在浙江金华等地联合举办超强台风防范和特大洪涝灾害联合救援演习，应急智巡无人机为应急管理部防汛抢险急需技术装备揭榜攻关专项的核心成果。该设备通过无人机搭载测绘级激光雷达、高分辨率热红外和可见光相机一体化集成设备对堤防表面进行扫描，可以捕捉管涌口温度异常和地形细微变化，快速、全面地对堤坝管涌、渗漏、塌陷等险情隐患进行识别。

无人机带状正射影像带　　　　　　　疑似管涌位置正射影像图

2.4.2 无人机快速建模装备

1. 三维倾斜摄影和快速建模装备

三维倾斜摄影技术主要用于获取堤防的实景照片，并通过快速建模技术生成详细的三维模型，为堤防安全评估、维护和管理提供科学依据。

三维倾斜摄影无人机（图 2.4-4）满足以下要求，抗风等级≥6 级，防尘防水等级≥IP67，单机单次巡测续航距离≥5km，巡航时间≥1h；航测相机像素≥3500 万像素，单个镜头≥2000 万像素，一次曝光≥1 亿像素。作业时间≥90min，有定点曝光功能，确保影像重叠度满足要求。10 万 m² 范围 9min 内可完成建模，20 万 m² 范围 15min 内可完成建模，模型分辨率优于 20cm。

图 2.4-4　三维倾斜摄影无人机

三维倾斜摄影和快速建模装备的结合使用，可快速构建堤防高精度数据底板，可以更加直观、精确地分析堤防的状况。

2. 三维激光雷达和快速建模装备

机载三维激光雷达（图 2.4-5）可以快速输出与倾斜摄影建模成果相媲美的实景三维 Mesh 模型成果，同时一键生成彩色点云、真正射影像（TDOM）、数字高程模型（DEM）、数字表面模型（DSM）等二维、三维测绘数据成果。

(a) 正视图　　　(b) 侧视图

图 2.4-5　三维激光雷达和快速建模装备

机载三维激光雷达具备多次回波特点，每秒钟可发送 50 万点至 100 万点，点云密度可超过 100 点/m²，平面中误差优于 20cm，高程中误差优于 10cm。结合快速建模软件，相同硬件环境下，建模效率是倾斜建模的 10 倍。

机载三维激光雷达适用于快速构建堤防高精度数据底板，能够直观呈现灾害现场，助力精准决策和快速部署，提升防汛抢险的响应效率和效果。实景三维模型防汛抢险典型应用案例见专栏 7。

专栏 7　实景三维模型防汛典型应用

2024 年 4 月，广东省境内北江流域先后发生多场强降雨过程。4 月 16—23 日，受大范围强降雨影响，北江流域发生 2024 年第 2 号洪水并发展成特大洪水。水利部门通过数字孪生与空天遥感技术，构建实景三维模型数字底板，实现了全要素监视分析、实时滚动超前预报、水工程联合调度、多要素风险评估以及智能化预案推选等智慧化防洪管理，为防汛指挥提供重要支撑。

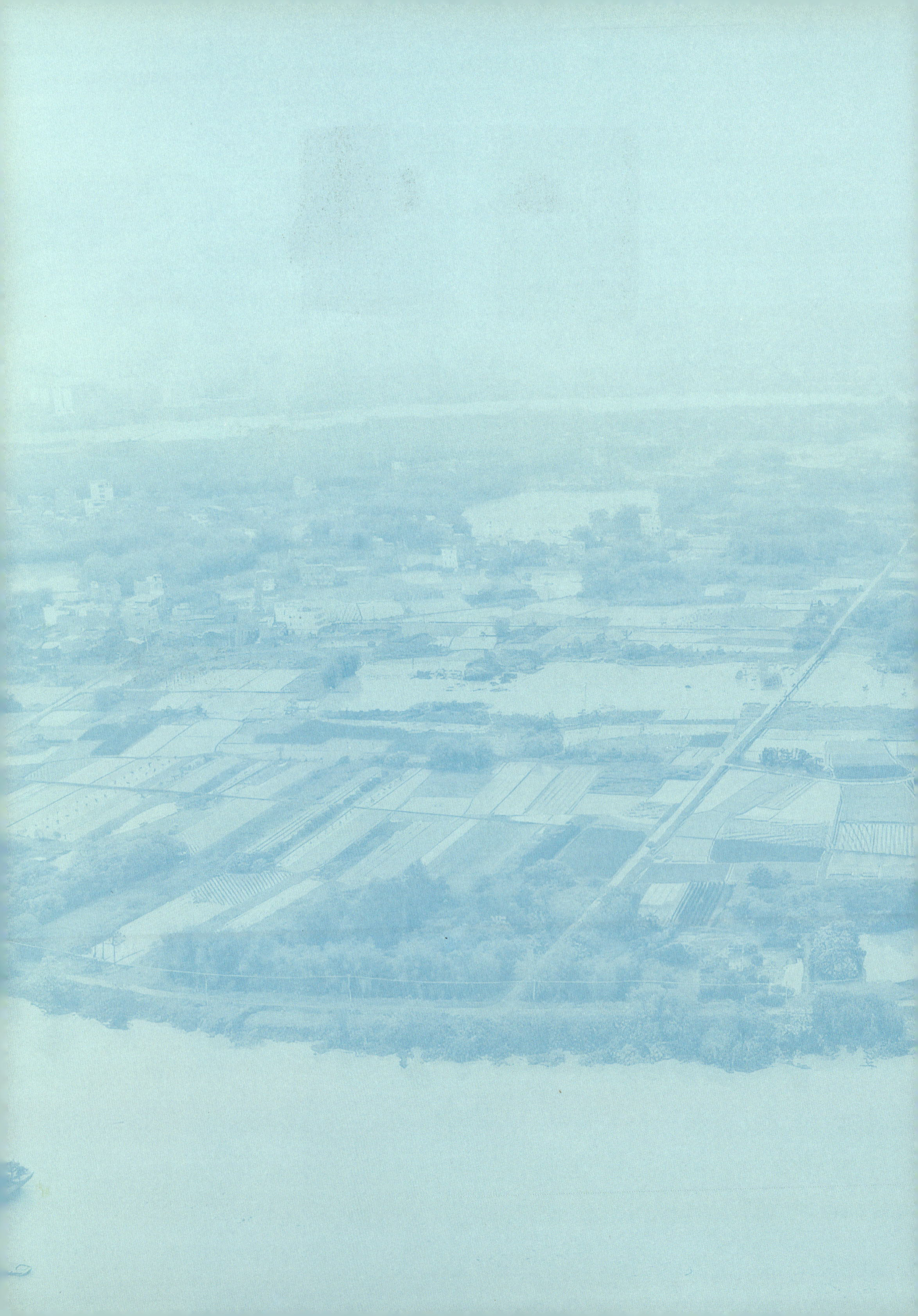

3 防汛抢险救援技术装备

3.1 防汛抢险救援技术装备应用概况

根据我国应急力量专兼并用的特点，防汛抢险救援技术装备分为通用型装备和专用型装备。通用型装备在多个领域已成熟应用，既可用于抗洪，也可用于日常生产；专用型装备则专门用于抗洪抢险中的各类任务。本章将防汛抢险救援技术装备按照功能划分为运输投运、指控通信、工程抢险、特种作业、支援保障五类。防汛抢险救援技术装备体系如图3.1-1所示。

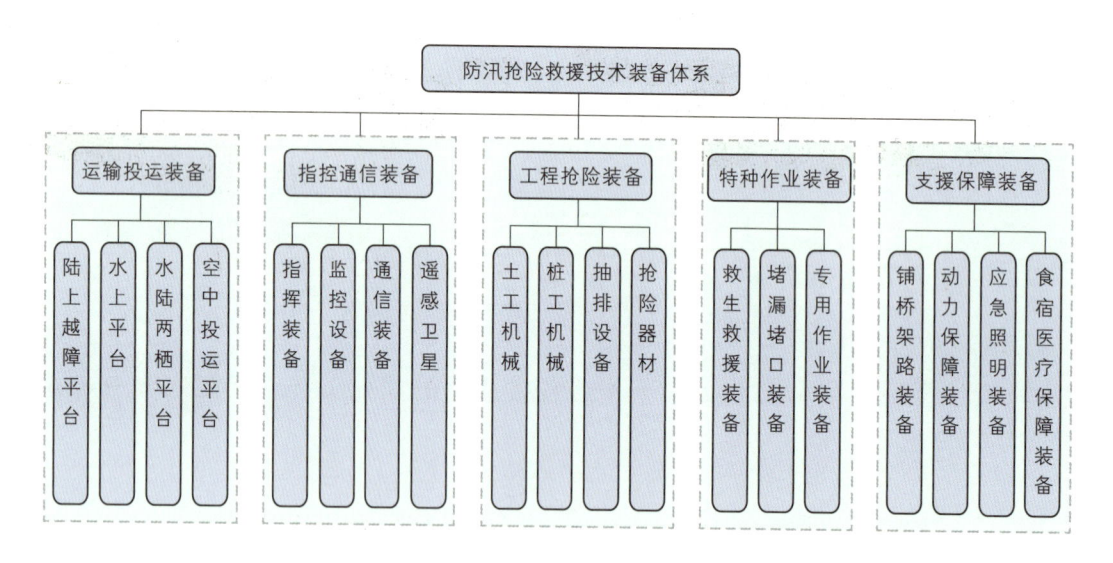

图3.1-1　防汛抢险救援技术装备体系

我国应急装备企业已研发制造出一大批专用防汛抢险救援技术装备产品，在过去抗洪抢险工作中发挥了重要作用，本章将按照其功能特点进行详细介绍。

3.2 运输投运装备

运输投运装备可划分为陆上越障平台、水上平台、水陆两栖平台、空中投运平台。陆上越障平台一般指在抢险救援过程中具备一定越野和越障碍能力的机动车辆，并且能够搭载一定数量的救援人员和装备。水上平台是指在防汛抢险场景中能够实现水上运输、作业的移动船只、载具。水陆两栖平台是指具备一定水陆两栖运输能力的载具。空中投运平台多指无人机、固定翼飞机、直升机等空中载具。

3.2.1 陆上越障平台

1. 履带式双节蟒式全地形车

目前我国拥有完全自主知识产权的履带式双节蟒式全地形车（图3.2-1），其有优越的承载性能及水陆两栖能力。按载重有1t、2t、3t、5t、10t、15t和31t等多种规格,其中31t款,前车载重12t,后车载重19t,可搭设随车起重机、推土铲等,陆上最大行驶速度37km/h,水上最大行驶速度5km/h,最大行驶里程500km,可越障高1.5m,越壕宽4m,最大爬坡度30°,侧坡度25°,转弯半径17m,车底距地高350mm。

履带式双节蟒式全地形车适用于在防汛抢险中没有道路情况下的紧急救援,可翻越壕沟等障碍,进行抢险人员和设备的运输,能够快速把机械设备、人员、物资运抵抢险救灾工作现场,也可下水抢救水中被困人员,改装后可作为移动电源车、应急通信指挥车、医疗救护车、挖掘推铲设备平台等。

图 3.2-1　不同载重的履带式双节蟒式全地形车

2. 小型水陆两栖全地形车

小型水陆两栖全地形车(图 3.2-2)可在泥泞坎坷的路况下畅行无阻,具有较好的陆地紧急转弯及平衡能力。

图 3.2-2　不同型号的小型水陆两栖全地形车

一般的小型水陆两栖全地形车采用8轮或履带驱动设计,可翻越1.5m的深沟和障碍物,运输驱动功率较大,额定载重550kg,水上额定载重400kg,陆上最大行驶速度为45km/h,在水中,轮胎可变为船桨,轮胎划水最大行驶速度为5km/h,舷外机划水最大速度为12km/h,最小转弯半径0.71m。

防汛抢险过程中,小型水陆两栖全地形车后箱可根据需要加装排涝泵站、发电机组、通信指挥系统等模块,在极端恶劣条件下,用于少量人员通行以及简易设备运输、险情查勘。

3. 轻型地面无人平台

带有柔性悬挂行走结构的履带式轻型地面无人平台［图 3.2-3（a）］具备全地形通过能力、高速机动能力和承载能力，整车操控模式有遥控操作和自主行驶两种模式。

其悬挂行程调节范围达 300mm，最大续驶里程 50km，最高速度 35km/h，最大爬坡度 35°，垂直跨越障碍 600mm，越沟宽度 800mm，涉水深度 600mm，平台自重 700kg，自主平均行驶速度≥10km/h，遥控平均行驶速度 30km/h，遥控距离≥10km，承载能力 300kg。

防汛抢险中可通过二次开发，将其用于险情侦察、抢险救援，可在复杂地形环境下稳定通行，目前已有混合动力、纯电驱动轻型轮式地面无人平台［图 3.2-3（b）］，可攀爬路崖和斜坡等多种障碍，在极端条件下适用于堤防、大坝的巡查，可减少人员查险的风险。

(a) 轻型履带式　　　(b) 轻型轮式

图 3.2-3　轻型地面无人平台

3.2.2　水上平台

1. 应急动力舟桥

应急动力舟桥（图 3.2-4）具有架设快速、机动灵活的特点，每个浮体单元自带动力，兼具浮桥、渡运功能于一体，可实现快速架设浮桥和结合漕渡门桥，组合成各种形式的浮式结构，保障重型装备和车辆迅速克服江河、湖泊等障碍。

常用应急动力舟桥通行部位宽 5.7m，每个单元长度 10m，主要有两种作业模式：一种是多个河中舟和两个岸边舟连在一起，形成带式浮桥，保障履带载 63t 或轮式单轴压力 13t 以下的荷载通过江河；另外一种是将若干河中舟和岸边舟拼接组合，作为漕渡门桥使用，起到渡船的作用，可满载 450 人以 10.8km/h 的速度在水上快速机动行进。

应急动力舟桥可在紧急或非正常状态时快速架设通道。目前动力舟桥购置和使用维护成本高，而且对水深、流速、作业场地等条件要求高，不适应狭小水浅决口的平堵作业。应急动力舟应用案例见专栏 8。

图 3.2-4　应急动力舟桥

专栏 8　应急动力舟桥应用案例

2022年9月7日，四川省泸定县6.8级地震导致多处山体塌方、滑坡，救援队伍仅用18h，将3个河中舟、2个岸边舟拼在一起，迅速修筑了一条长50余m、宽10m的下水平台，总承载能力履带式机械可达72t，轮式设备可达83t，大大提高运送效率，保障大型装备和人员通行，有效解决涉水输送难题。

2. 便携式大型充气救援运输船

便携式大型充气救援运输船（图3.2-5）采用充气式设计，折叠收纳体积小，充气后使用空间大，具有船首坡道，坡度可根据需要自由调节，具有吃水浅、载重大的优点。

便携式大型充气救援运输船有多种型号，最大款长度可达10.7m，宽3.8m，可承载最大重量为4000kg。

便携式大型充气救援运输船适用于落水人员的救助，抢险中可在几分钟内迅速充气，快速投入使用，可以轻松折叠，放置在特殊的软包装袋中，便于携带、运输和储备。用于在复杂水域环境下运输货物、车辆、机械、人员等。

图3.2-5　不同型号的便携式大型充气救援运输船

3.2.3　水陆两栖平台

1. 轻型水陆两栖无人车

轻型水陆两栖无人车（图3.2-6）具有无人遥控兼具浮渡功能，机动性强。最大越障高度可达1.6m，最大越壕宽度1.6m，最大涉水深度0.6m，遥控距离大于3km，最大负荷1000kg，最大爬坡坡度30°，最大续航里程200km，最大行驶速度25km/h。

图3.2-6　不同型号的轻型水陆两栖无人车

轻型水陆两栖无人车在防汛抢险中适用于野外山地、丘陵、高原、林地等复杂地形区域，可搭载通信指挥等多种功能模块，也可应用于防汛抢险人员设备的应急运载。

2. 水陆两栖艇

水陆两栖艇（图3.2-7）可在水、陆环境中快速无缝切换行驶，机动性强。

外形（7～9）m×2.63m（长×宽），重量1600kg，有效载荷700kg，水面最高速度为65km/h，陆地最高速度为10km/h，可攀爬12°斜坡。

水陆两栖艇适用于城市内涝救援，可搭载水下救援机器人、蛙人运载器、水上无人机、皮划艇等成套救援设备，广泛应用于城市内涝抢险救援和人员物资运输等场景。

图3.2-7 不同型号的水陆两栖艇

3. 应急抢险气垫船/艇

应急抢险气垫船/艇（图3.2-8）能够脱离水面高速航行。该设备不仅适用于水面航行，还具备良好的多地形适应能力，可以在野外、沼泽地、城市内涝街道、洪水急流、江河险滩、浅海滩涂以及冰面冰凌地段航行，能够有效识别并规避水下障碍物，确保行驶安全。

图3.2-8 不同型号的应急抢险气垫船/艇

目前应急抢险气垫船最大续航时间可达5h，抗浪等级大于3级，外形尺寸5.4m×2.4m×2.3m（长×宽×高），空船重量1t，有效载荷约1t，承载人数5～8人，最高速度100km/h，巡航速度50～60km/h，干地可冲上30°斜坡50m，无论水中还是地面均可进行原地360°转向，可实现2人救援5～8人。

应急抢险气垫船/艇适用于人员与简易物资运输、被困人员救援、险情勘察等应急抢险情形，方便救援人员到达指定受灾地域开展长时间作业。可加装其他辅助救援装备，如导航定位系统、对讲系统、照明系统、广播系统、实时视频指挥通信等装备器材。目前应急抢险气垫船荷载能力有限，维护保养难度大，价格相对较高。

4. 应急抢险水陆两栖车

应急抢险水陆两栖车（图3.2-9）与常规车辆相似，尾部配有强力水上推进器，行驶较为迅速；车身采用独特碰撞消能设计，可保证人员与车辆安全。

目前常规应急抢险水陆两栖车可装载质量500kg（5人+175kg）或8人，外形5.3m×1.9m×2.0m（长×宽×高），载重500kg，最高车速80km/h，最大爬坡度可达44.5°，最大吃水深度0.8m，平均油耗9.5L/km。

图3.2-9 应急抢险水陆两栖车

应急抢险水陆两栖车适用于应急指挥或救助被困人员，发生险情时，可由陆地直接开入水中，运输方便快捷，水陆无需转运，可作为理想的应急车型，但载重有限，大风浪下的稳定性有待进一步实践验证。

3.2.4 空中投运平台

1. 固定翼大载重无人机

固定翼大载重无人机（图3.2-10）可搭载无线通信基站设备和卫星通信设备，实现应急通信中继保障功能。机舱内设置独立储货空间，可高效执行物资输送任务，该机型在机腹前后以及机翼处设有挂载点，可搭载三光吊舱及其他遥测遥感设备。

图3.2-10 固定翼大载重无人机

中距离固定翼无人机，最大起飞重量可达700kg，裸机重量350kg，翼展8.6m，可根据任务需要调整油量与负载重量，180kg负载续航可达8h，80kg负载续航可达18h，可在高原地区通用航空机场跑道起降，应急时可在600m以上平整公路、土路完成起降。

在应急救援中，可解决断路、断电、断网的"三断"灾害现场通信保障难题，可实现全天候观测、预警以及跟踪，适用于灾情巡查等任务，通过加改装，可应用于灾中人工影响天气以及环境监测等领域。

2. 应急直升机

应急直升机（图3.2-11）在救援中能快速到达水、陆不可通达的受灾现场，是目前普遍采用的最有效的应急救援方式。

以AC311A直升机为例，外形尺寸总长13.08m，机身宽1.83m，最大起飞重量2250kg，最大巡航速度 240km/h，最大续航时间 4h。

防汛抢险中可开展搜索救援、物资运送、空中指挥等工作，通过加装不同设备后，可广泛用于灾中的物资投放、人员撤离、医疗救援、伤员转移，具备很强的任务拓展能力。

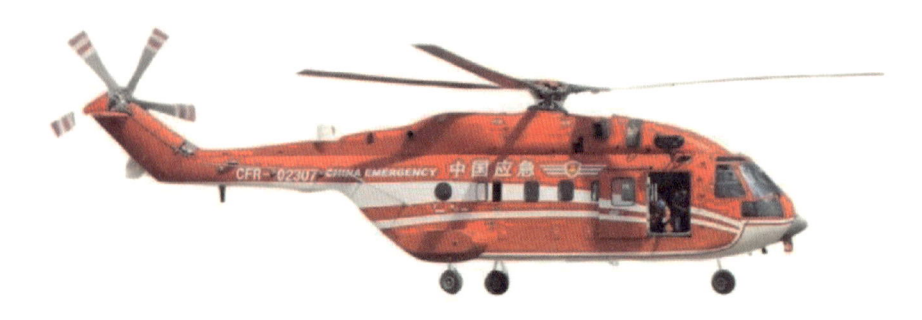

图 3.2-11　应急直升机

3.3　指控通信装备

指控通信装备可划分为指挥装备、监控设备、通信装备、卫星应用装备等。指挥装备一般指具有综合指挥能力、通信能力、信息分析能力的应急救援指挥系统，可搭载在船、车等平台。监控设备一般指通过不同感知传感设备获取灾情信息的装置。通信装备一般指保障通信畅通的装备，如基站、中继站、单兵终端等。卫星应用指在抗洪抢险过程中利用卫星解析成果为抢险救援提供可靠信息保障的技术装备。

3.3.1　指挥装备

1. 应急救援指挥车

水域应急救援指挥车（图 3.3-1）可配备水下救援设备、图像采集系统、配电系统、专网通信、指挥系统、照明系统等，可利用卫星导航快速到达指定地点或对作业地点进行定位和记录，在未知水下环境情况时，利用彩色图像声呐进行搜索和初步探测，作业现场的水上、水下实时情况可通过自主网络传输到指挥系统，系统画面可通过5G网络、无线传输等方式随时与指挥中心、新闻媒体等机构保持通信联系。

图 3.3-1　应急救援指挥车

在应急救援中，适用于水域现场勘察、营救落水人员、水下检测、水下探摸、水下定位、水域安保等情况。

2. 防汛应急指挥通信车

防汛应急指挥通信车（图 3.3-2）是应急管理部门常规汛期防灾、减灾、救灾的功能性车辆。

以某防汛应急指挥通信车为例，其主要由卫星通信系统、视频会议系统、5G 无线图传系统、通信系统、照明系统、智能综合控制系统、广播系统、供配电系统组成。整车的驾驶间、会议间、装备间是三个相对独立的功能区，现场音视频信息可通过单兵设备进行采集回传，可通过多媒体设备等实现移动化指挥中心办公应用需求，实现现场与远地指挥中心之间的远程图像监控、语音联络、数据查询及指挥调度等功能。

应对险情时，防汛应急指挥通信车可与固定指挥中心互联互通，提供覆盖现场业务的综合应用与服务，成为一线移动指挥中心。

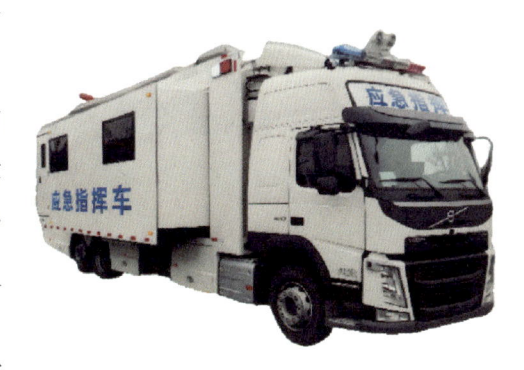

图 3.3-2 防汛应急指挥通信车

3.3.2 监控设备

1. 防水无人机

防水无人机（图3.3-3）在水域救援中担任先锋兵角色，可迅速到达现场并参与救援，目前已有可同时兼顾水上、水下运行功能的无人机。

防水无人机不仅可以水上飞行，还可以水中漂浮，也可以直接进入水下，巡查水下险情，短时浸水深度可达600mm，机身重量1447g（不含电池），最大上升速度4m/s，最大下降速度3m/s，最大飞行速度20m/s（姿态模式），最大飞行高度200m（GPS模式）/1.3km（姿态模式），最大可承受正常风速8m/s，阵风12m/s，续航时间20~23min，飞行距离1.6km。

防水无人机适用于城市内涝水域救援，可完成实时数据收集传输、水面探测、远程指挥、高空测量、巡检拍摄以及灾情监控等。

图 3.3-3 不同型号的防水无人机

2. 六旋翼无人机

六旋翼无人机（图3.3-4）可搭载多功能模块，实现飞行参数、位置信息、视频信息的实时监控，并无缝对接指挥系统，具有可靠性高、负载续航能力强等特点。通过配置高清数字图传与通信模块，可实现"远距离、低延时"实时影像与控制信号传输。最大负载可达13kg，空载最大续航时间70min，在5kg负载下最大续航时间大于40min，常规作业半径5km，抗风6级，防水等级达IPX4。

抢险过程中，可广泛应用于应急态势感知、小型物资运输、抢险侦查、防汛险情探测、

图 3.3-4　不同型号的六旋翼无人机

交通疏导、电力巡线以及地貌测绘等方面。

地空融合感知应急救援方案见专栏 9。

专栏 9　地空融合感知应急救援方案

融合无人机空中视角与现有应急指挥系统，将无人机强大的空中作业能力集成至应急指挥系统平台和图像综合管理平台，可全面呈现救援现场态势，并稳定传输至前线指挥部和后方指挥中心，协助抢险救灾人员更为科学高效地部署救援力量。

无人机携带高分辨率摄像头和激光雷达，对洪灾区域进行空中监测，快速识别水位高度、受困人群分布和洪水流向。地面感知系统通过布设在关键区域的水位监测设备和气象传感器，持续提供洪水动态数据。

通过地空融合的感知数据，救援队能够准确规划救援路线，及时救助受困人员，通过实时监测洪水发展趋势，采取有效的应对措施。

3.3.3　通信装备

1. 应急通信无人机

应急通信无人机（图 3.3-5）由无人机、地面控制站、保障系统组成，同时可搭载光电吊舱、合成孔径雷达、航拍相机、应急通信保障吊舱、应急投送舱等设备。其可定向恢复 50km^2 的移动公网通信，建立覆盖 15000km^2 的音视频通信网络，信息传达范围可达 120km。

针对灾区"三断"情况，应急通信无人机可实现图像、语音、数据上下贯通横向互联。也可改造为气象型无人机，用于大气探测、人工影响天气等作业，能够在强对流天气、结冰高原、海洋环境等极端天气下完成多种复杂的数据采集和气象勘察任务。应急通信无人机应用案例见专栏 10。

图 3.3-5　应急通信无人机

专栏 10　应急通信无人机应用案例

2021年7月21日，河南省突遭大规模极端强降雨，应急通信无人机由贵州安顺起飞4.5h后抵达河南上空，有效保障了河南灾区5h的通信信号，为受灾民众提供对外通信服务，信号稳定。截至21日晚23时，空中基站累计接通用户3572个，单次最大接入用户648个。

2. 移动多媒体单兵通信设备

移动多媒体单兵通信设备（图3.3-6）是一种集成了通信、定位、视频传输等功能的便携式设备。

目前移动多媒体单兵通信设备可在$-30\sim+65℃$下工作，可在$-45\sim+85℃$实现存储，重量900g，尺寸215mm×67mm×38mm（长×宽×高），整机平均功耗12W，待机6h，支持通话、数据传输。

防汛抢险中，移动多媒体单兵通信设备可集成多路视频音频切换、扩声、调音台、中控、视音频会议、调度指挥、媒体录播等功能，满足应急通信"移动化、一体化、实时化、智能化"等需求，可大幅度提升应急指挥和救援效率，稳定实现卫星传输、通信传输、远程视频传输等功能。

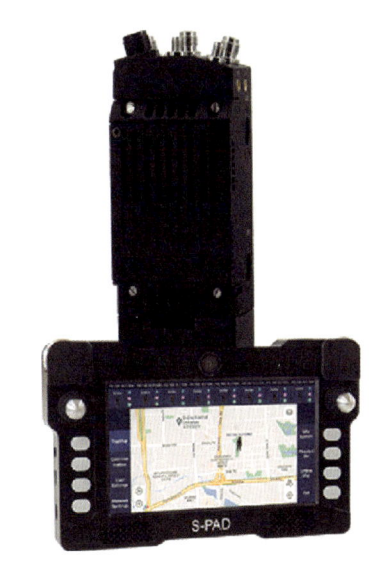

图3.3-6　移动多媒体单兵通信设备

3.3.4　遥感卫星

卫星的通信、遥感、气象观测、变形观测等功能对防汛抢险任务具有极高的利用价值，国产遥感卫星已广泛参与到防汛抢险任务中，通过高分辨率成像和实时数据传输，为指挥中心提供精确的灾情监测、洪水扩散范围评估、地形地貌分析等关键信息，极大提升了应急决策和资源调度效率。

目前，我国已经发射了多颗卫星，具备防汛抗旱监测、通信、导航等功能。我国典型系列卫星如下。

高分系列卫星：高分一号（GF-1）是高分辨率光学遥感卫星，能够提供高清图像，用于水灾监测、洪水范围判断、灾后评估等；高分六号（GF-6）主要用于农业和林业监测，也可用于旱情监测，评估作物受灾情况；高分七号（GF-7）具备立体测绘能力，可以提供精确的地形地貌数据，在防汛抗旱中用于监测地质变化、河流流域地形等。

风云系列气象卫星：风云四号（FY-4）具备高分辨率对地观测和气象预报功能，能够实时监测暴雨、台风等极端天气，为防汛抗旱提供精准的气象预警；风云三号（FY-3）低轨气象卫星具有全球天气观测能力，能够监测旱情、云层、水汽分布等。

资源系列卫星：资源三号（ZY-3）是高精度立体测绘卫星，可用于灾前预警、灾后评估，特别适合防汛抗旱中的地形变化监测。

北斗导航卫星：北斗三号卫星可提供精准的定位、导航服务，在防汛抗旱中，可以为救援队伍提供实时定位和导航服务，同时，北斗短报文功能可以在地面通信中断时提供应急通信。

天通一号卫星：作为中国自主研发的卫星移动通信系统，天通一号卫星能够为防汛抗旱提供通信保障，特别是在偏远地区和极端灾害情况下，确保指挥调度和信息传输顺畅。

这些国产卫星通过不同的观测手段和数据处理能力，为防汛抗旱提供了全方位的支持。在湖南省岳阳市华容县洪涝灾害抢险救援中，卫星遥感监测到的水体淹没区域如图3.3－7所示。这些卫星数据与地面站点、无人机等监测手段结合使用，可实现更精确的灾害预报预警。国产遥感卫星助力抗洪抢险案例见专栏11。

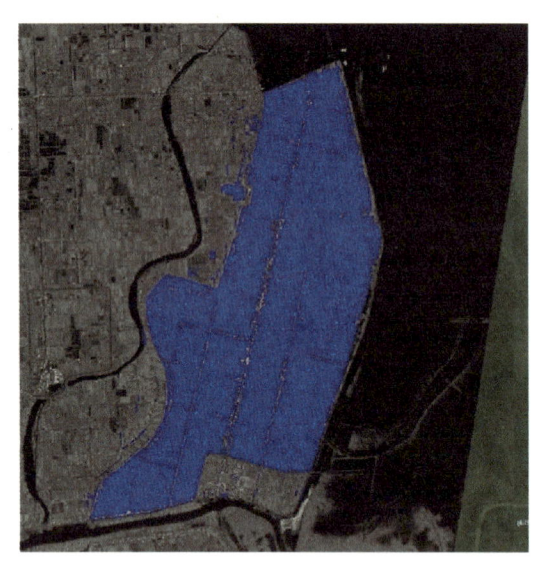

图3.3－7　卫星遥感监测到的水体淹没区域

专栏11　国产遥感卫星助力抗洪抢险案例

2024年7月6日，遥感卫星拍摄到洞庭湖决堤后高分辨率影像，此时团洲垸溃口宽度延伸至226m，当地被淹情况严重，溃决前后高分辨影像见图3.3－8。溃口周围的农田、村庄和道路

(a) 溃决前　　　　　　　　　　　　(b) 溃决后

图3.3－8　溃口处溃决前后高分辨率卫星遥感影像

已经被洪水完全淹没。决堤口的水流快速涌向低洼区域，形成大面积的水流积聚，通过卫星影像监测到洪水扩散范围在短时间内显著扩大。

期间，通过遥感卫星发现洞庭湖南端部分区域也出现类似潜在溃决风险点（图3.3-9），将相关情况第一时间通报有关部门，为全面了解灾情提供了多维数据。

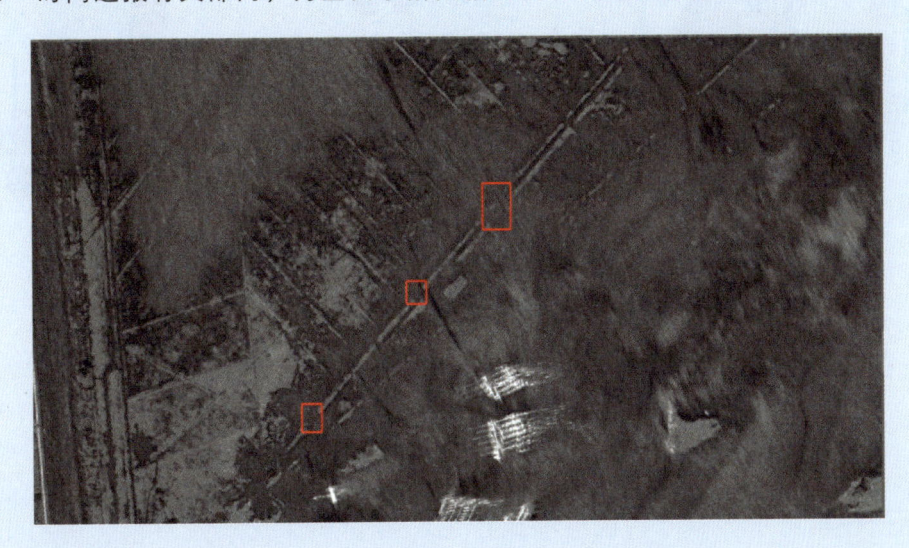

图 3.3-9 潜在溃决风险点卫星遥感影像

3.4 工程抢险装备

工程抢险装备在抗洪抢险应用场景下可划分为土工机械、桩工机械、抽排设备、抢险器材等。土工机械能够开展土石推铲挖掘等作业，桩工机械用于木材削桩、打桩，抽排设备在防洪过程中进行抽排水，抢险器材可在抢险救援过程中用于节省救援人员体力。

3.4.1 土工机械

1. 抗洪抢险多功能挖掘机

抗洪抢险多功能挖掘机（图3.4-1）通过快速连接装置，可在2~5min内快速换装超10种作业工具，包括打桩机、插板机、螺旋钻、凿岩机、铣刨机、抓斗、液压钳等，可在此基础上延伸开发不同类型的多功能挖掘机，比如以下类型。

（1）以滑移装载机为底盘的小型多功能挖掘机，整机重量（不含作业具）控制在3.5t以内，可由直升机空运，用于狭小场地救援、洪水淹没区孤岛和高山堰塞湖的快速抢险。

（2）以轮式挖掘机为底盘的快速多功能挖掘机，整机重量控制在16t以内，可由直升机吊运，也可采用轮式两栖装甲车底盘，能够自行越过水域障碍抵达作业点，可用于大范围、高机动性的抢险任务。

（3）多功能挖掘机上装模块，包括座圈模块、动力模块，可快速安装到各类两栖车辆和水上作业平台上。

图 3.4-1　不同型号的抗洪抢险多功能挖掘机

2. 水陆两栖挖掘机

常用的水陆两栖挖掘机（图 3.4-2）机身重量 39t，挖掘半径 15.33m，最大挖掘深度 10.53m，最大挖掘高度 12.60m，最大卸载高度 10.40m，行走速度 3.3m/s，下部总宽 5.797m，运输总高 3.57m，运输总长 12.54m，履带高度 1.735m，斗容 1m³。

水陆两栖挖掘机可水面漂浮，也可湿地行走，不受水深及淤泥限制。适用于陆地、沼泽软地面及浅水作业，包括堤防迎水坡裂缝、漏洞、滑坡、陷坑或河道堵塞等情况的挖掘处置，以及堤防决口施工等多种抢险工况。通过加装针对湿地工况定向开发的加长工作装置，可扩大工作范围，水上运输也不易倾翻。

图 3.4-2　不同型号的水陆两栖挖掘机

3. 智能遥控挖掘机

智能遥控挖掘机（图 3.4-3）可在有效保障救援人员生命安全前提下，开展救援工作，具有较强的高海拔、低温适应能力。

智能遥控挖掘机标准斗容 1.0～1.1m³，整机重量 21.9t，最大卸料高度 6980mm，挖掘深度 6750mm，挖掘高度 9750mm，遥控距离大于 1km；遥控仓为牵引式，重量 1.5t，续航时间大于 8h。

智能遥控挖掘机适用于恶劣复杂环境下开展高强度、长时间的应急救援、灾害抢险工作，可在道路清障、河道疏通、堰塞湖堵决、灾后重建中发挥作用。

4. 步履式挖掘机

步履式挖掘机（图 3.4-4）可快速连接多种机具，越障能力突出，具有极限荷载调节技术、无线遥控技术，车身灵活，可实现全轮转向，全轮驱动、轮腿复合。

整机重量 11.3t，铲斗为反铲，容量 0.3m³；最大挖掘半径 7.7m，挖掘深度 5.4m，挖掘高度 8.8m。

步履式挖掘机适用于在无平整作业面的地形条件下，开展抢险救灾工作，可在危险地带通过操作台进行远程遥控，避免发生意外。

图 3.4-3　智能遥控挖掘机　　　　　　　　图 3.4-4　步履式挖掘机

5. 冲击碾

冲击碾（图 3.4-5）通过牵引车牵引，带动两个冲击轮，利用冲击轮自身的重量和前进时的冲击力，对路面进行破碎和压实，有低噪声、高功率、耐高温等特点，配备大量减震器、液压缸消除对牵引车的冲击影响。

常见冲击碾，重量 16t，冲击能量≥35kJ，压实宽度 2.9m，影响深度 6m，压实能力 20000m³/h，压实能力相当普通震动压路机 10～15 倍。主轴等关键部件采用高强度锻件，操作简单快捷。

冲击碾适用于快速高效压实和加固灾区泥泞湿软道路、抢通道路、加固堤坝等。

图 3.4-5　冲击碾

3.4.2 桩工机械

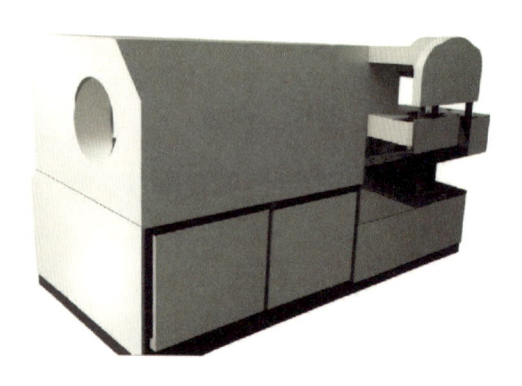

1. 防汛木桩削桩机

防汛木桩削桩机（图 3.4-6）原理相对简单、制作方便，液压式防汛木桩削桩机设备由木桩气压式夹持装置和钢刃刀片液压型切割装置、自动输送装置以及安全防护装置、智能操作装置组成。

外观尺寸 3.4m×1.2m×1.5m（长×宽×高）；工作电压 380V；进给速度 1900mm/min 复位速度 3850mm/min；额定功率 7.5kW；可加工木桩长度 ≥1700mm，可加工木桩直径 ≤200mm。

防汛木桩削桩机适用于防汛木桩批量加工，可将直径 40mm 以下的防汛木桩自动切削成三面体的尖锥形，应急抗洪抢险时植桩速度提升 10 倍以上。

图 3.4-6 防汛木桩削桩机

2. 打桩机

打桩机（图 3.4-7）具有很强的实用性、操作性、稳定性和持续性，可用于汛期抗洪抢险及堤防加固维护，代替人力夯打作业方式，提高打桩效率，减轻劳动强度，提高堤坝封堵效率。

图 3.4-7 不同型号的打桩机

根据使用方法不同有液压动力站式、手持式、便携式等多种类型。液压动力站式打桩机可选夯径（木桩）：80～200mm。手持式汽油打桩机可选夯径（木桩）：20～100mm；打桩速度（沙壤土质）≥1.0m/min。便携式柴油打桩机可选夯径（木桩）：60～120mm；打桩速度（沙壤土质）0.5～1.0m/min。

打桩机适用于汛前、汛后堤坝加固、抗洪抢险决口封堵、湖塘堤岸维护、建筑施工及围栏作业中桩（木桩或钢管）的植入，具有操作简单方便、植桩速度快、能连续作业、节省人力等优点。

3.4.3 抽排设备

1. 移动泵站/排水机器人

移动泵站/排水机器人（图3.4-8）由移动泵站、车载动力源、控制系统组成，也可集成于一部中型载重汽车底盘上。

移动泵站/排水机器人采用遥控履带底盘，全重2.8t，行驶速度2～4km/h。最大排水流量可达500m³/h，扬程11.5m，可远程遥控开展800m范围内作业。

移动泵站/排水机器人适用于防洪排涝，基坑抽水、地下停车场排涝等，特别适用于无固定泵站或电源困难时的抽水，能够快速排除污水和雨水，提高排水效率，降低排水成本，能够自主导航和避障，减少人工干预。

(a) 移动泵站　　　(b) 排水机器人

图 3.4-8　移动泵站/排水机器人

2. 排水抢险车

排水抢险车主要包括垂直式供排水抢险车、大流量排水抢险车和多功能一体化防汛抢险救援车等。

（1）垂直式供排水抢险车。垂直式供排水抢险车（图3.4-9），具有优秀的排水能力，能在较短时间内排除积水。

垂直式供排水抢险车排水流量可达3000m³/h，扬程达15m，吸水有效深度达8m，出水管口径2×300mm；机构液压驱动，运行平稳可靠，无需外接电源，无用电安全隐患。

垂直式供排水抢险车适用于防汛城市排涝应急抢险、裂缝等渗水抽排、决口封堵后积水抽排，也可用于抗旱调水、消防应急供水等抢险救援。

（2）大流量排水抢险车。大流量排水抢险车（图3.4-10）可满足深水区域抢险救援工作，保障城市防汛排水通畅，车厢采用一体式全封闭结构，并采用抗震结构，其厢体具备运输、防火、防雨、防尘、防锈、防腐、降噪和隔震等功能；常见的大流量排水抢险车还有子母式，由母车与子车构成。

常见的大流量排水抢险车，车长9.48m，宽2.55m，高3.5m，总重量12.49t，柴油动力，国六

图 3.4-9　垂直式供排水抢险车

排放标准，配置 200kW 车载发电机，总排水量可达 5500m³/h。

大流量排水抢险车适用于城市道路、公路隧道、无电源地区排水、防洪抢险及消防应急供水，排水能力强，可以长时间、连续性、满负荷作业；子母式大流量排水抢险车，适用于抢险人员无法进入的排水场合。

图 3.4－10　不同型号的大流量排水抢险车

（3）多功能一体化防汛抢险救援车。多功能一体化防汛抢险救援车（图 3.4－11）通过不同的功能拖车，可实现排涝、注水、运输、打桩、钻孔、破碎、切割、剪切等一体化功能。

图 3.4－11　多功能一体化防汛抢险救援车

可搭载 4 位抢险人员，运输不大于 0.75t 左右的救援物资，排水量 600m³/h，输出功率≥100kW。

多功能一体化防汛抢险救援车具有快速机动、越野性强、全套救援设备无需额外配备动力等优势，取力于车辆发动机，采用全液压驱动，无电作业更安全，所有液压抢险救援设备可快速切换、简单高效，适用于小险情的快速抢险工作。

3.4.4　抢险器材

抢险器材主要包括自动装袋机、模块化皮带输送机和液压型抛石机等。

1. 自动装袋机

自动装袋机主要包括防汛沙袋装袋机、砂石自动装机模块箱/模块车、多功能黏土装袋机等。

（1）防汛沙袋装袋机（图 3.4－12）可快速多方位调整，灵活高效，全自动上料、称重、灌装、封口、传输。机长 3.4m，宽 2.5m，高 1.8m，自重 1.2t，熟练操作时，装袋速度可达 465 袋/h。设有称重装置，采用高精度称重模块，操作简单方便，精度高、误差率小。

图 3.4-12　不同型号的自动装袋机

防汛沙袋装袋机适用于野外、堤坝和江河湖岸流动作业，设备占地面积小，上料输送机设有沙土料筛滤斗，能够对所添加沙土料预先筛检，剔除杂物，易于清理和维护。

(2) 砂石自动装机模块箱/模块车采用自装卸式拉臂钩底盘，模块箱体结构包括箱体、物料处理装置、计量灌装系统、缝包系统、皮带输运系统等。

砂石自动装机模块箱装机效率每分钟可达 20～30 袋，包装重量 15～50kg/包；砂石打包模块车，打包效率不低于每小时 1000 袋，包装重量 15～50kg/包。

砂石自动装机模块箱适用于野外就地取材打包、粗细通吃，满足黏土、砂料装袋需求，机动性好，快速高效。

(3) 多功能黏土装袋机与模块化皮带输送机配合，为堤防坡面加固提供了高效方案。该机可使用含水量 40% 以内的黏土、粉土，装袋效率约 12t/h（约 400 个/h），料槽容积 1.2m³，该机采用双轴辊破碎机结构，通过槽底气动活门控制出料。

多功能黏土装袋机适用于南方洪涝灾害高发区的土质，除装填防汛沙袋外，还可用于各类加固土和低标号混凝土拌和。

2. 模块化皮带输送机

模块化皮带输送机（图 3.4-13）可实现自由装卸、双人拖曳，可根据地形架设任意长度的输送流水线。

常规设备模块长 4m，模块重量 175kg，可搭设跨越 15m 沟渠的架空输送线，也可搭设跨径 10～30m 的简易步兵桥，用于应急越障，输送效率 30～60t/h，最大爬坡度 65°，相当于 100～200 人的输送效率。

可搭配装袋机，实现连续装袋自动填补堤防决口。

3. 液压型抛石机

液压型抛石机（图 3.4-14）主要用于防汛抢险中抛石护底作业，实现抛石机械化作业，不损坏坝面，提高工作效率，降低劳动强度，增大安全系数。抛石机一次性抛投不小于 1t，

图 3.4-13　不同型号的模块化皮带输送机

抛投距离不小于 14m，每斗抛石时间不超过 15s。液压型抛石机适用于堤坝决口快速封堵、临水坡抛投填塞、背水坡护脚固基等场景。

图 3.4-14　不同型号的液压型抛石机

3.5　特种作业装备

特种作业装备在抗洪抢险场景下可划分为救生救援装备、堵漏堵口装备、专用作业装备等。救生救援装备一般指用于水上救援，打捞落水人员的救援装备；堵漏堵口装备是指用来封堵决口的物资装备；专用作业装备是指专用于抗洪抢险的作业装备。

3.5.1　救生救援装备

1. 水上救生遥控机器人

水上救生遥控机器人（图 3.5-1）可在水上抢险救援过程中，对落水人员远距离遥控施救。落水者可以抓住两边的绳子，或趴伏在它的顶端等待救援。最多同时救起 4~6 名落水者，尺寸 1380mm×400mm×340mm，重量约 14kg，电池连续工作时间约 60min，电池快充时间约 30min。

水上救生遥控机器人适宜在洪水、台风等情况下，远程救援被困人员。

2. 应急抢险救援无人船救生圈

应急抢险救援无人船救生圈（图 3.5-2）在救援时可快速

图 3.5-1　水上救生遥控机器人

放入水中,通过远程遥控器操控,便携轻巧。

应急抢险救援无人船救生圈负载浮力 400N,速度可达 8.8m/s,最大救援距离 2000m,支持正反双面双向行驶,可同时救起 3 名以上的落水者。

应急抢险救援无人船救生圈适用于防汛抢险被困人员的紧急救援,可快速到达落水者身边,落水者可以抓住它三侧的扶手或是趴在其顶端脱离险境。

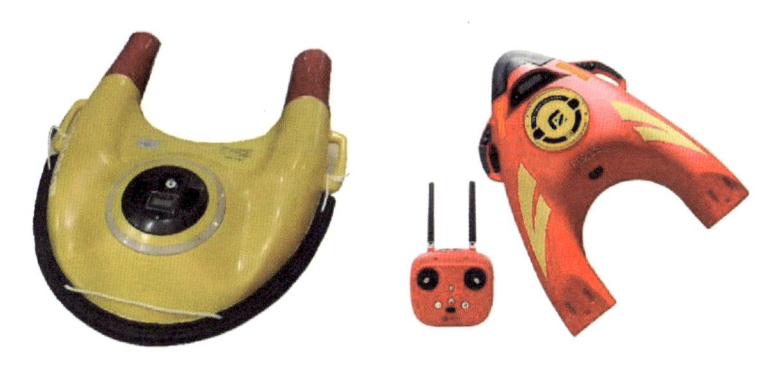

图 3.5-2 不同型号的应急抢险救援无人船救生圈

3. 轻工业级水下机器人

轻工业级水下机器人(图 3.5-3)能够在水下快速搜索并定位被困者,具有高度灵活性和敏捷性,支持机械臂、外置 LED 灯和激光卡尺等多种挂载。

图 3.5-3 不同型号的轻工业级水下机器人

常规轻工业级水下机器人采用全矢量布局推进器,可实现 360°全方位移动,最大航速 3 节,可潜水深度 100m,最大操控半径 200m,铝合金紧凑型机身(重量小于 4.5kg),单人可 3min 内快速完成部署。

轻工业级水下机器人适用于高度危险环境、被污染环境以及零可见度的水域,代替人工在水下长时间作业,协助开展搜救、救援任务。

4. 多用途二氧化碳空气炮

多用途二氧化碳空气炮(图 3.5-4)可发射破障弹等,全程无火工材料,安全方便。全炮重≤2.5t,有效射程≥1000m,口径 55mm,膛压 100~350MPa(可调),炮口初速≥600m/s(目标 800m/s),炮口动能≥1500kJ,单发碎石能力≥3m³(C30 混凝土正六面体),击破厚 60cm 砖墙(开洞直径≥60cm)。

多用途二氧化碳空气炮适用于抛射缆绳进行渡河或救援,可发射配套破障弹、破墙弹、抛绳弹、灭火弹，也可用于摧毁阻水障碍物，可根据实际需要调整尺寸和发射能力。

图 3.5-4　多用途二氧化碳空气炮

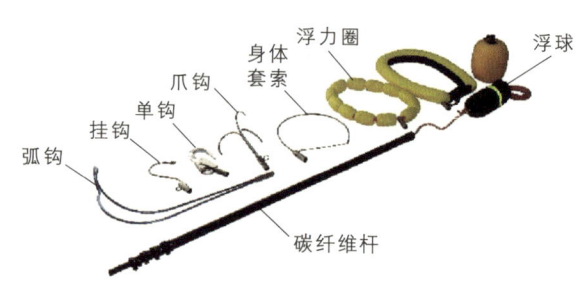

图 3.5-5　远距离多功能救生杆组合

5. 远距离多功能救生杆组合

远距离多功能救生杆组合（图 3.5-5）可实现对 20m 范围内的落水人员精准施救。

远距离多功能救生杆组合由 8 件组合 1 套、伸缩杆 1 根、内穿救生绳 1 套组成。伸缩杆采用超轻碳纤维杆，可漂浮，折叠长 2.6m，伸开长 18m，重量 5kg，悬挂重量 30kg 以内。

远距离多功能救生杆组合适用于泥潭沼泽、山涧峡谷、码头、船上、洪灾遇险地带、冬季冰面的救援，救援人员发现落水者或遇险被困人员后，在岸上或船上开展远距离安全施救，也可用来打捞漂浮物。

3.5.2　堵漏堵口装备

1. 装配式折叠型堤坝决口快速封堵装置

装配式折叠型堤坝决口快速封堵装置（图 3.5-6）具有技术适用性好、技术实现方便、堵口效率高、便于储备运输、成本低等优势。封堵装置为碳钢材质，四面体形状，单边边长 1.75m，单体体积 0.6m³，充填重量不小于 2t。

装配式折叠型堤坝决口快速封堵装置适用于堤坝决口快速封堵，人工在决口处两端直接将堵口结构物推入水中一定位置（计算确定）即可，有独特的"触发式耦合型"抛投器，遇水即刻触发闭合系统，便于机械化投放。

2. 防汛抢险吸水膨胀袋（无土沙袋）

防汛抢险吸水膨胀袋（无土沙袋）（图 3.5-7）内填充吸水树脂等物质，可直接将吸水膨胀袋投放到管涌口，利用渗漏点水吸力，快速封堵堤坝管涌，广泛用于防洪抢险、堤坝管涌和河堤堵漏。大部分沙袋为常规沙袋体型，也有产品膨胀后为方形，挤压更为密实，但不适宜堵漏。但在堤防紧急加高中，如使用需与常规沙袋结合，该膨胀带密度相对土石袋较小，抗冲刷能力较差。膨胀袋可在 3min 内迅速膨胀到 20～25kg，代替人工装沙填土的防汛沙袋。

图 3.5-6　装配式折叠型堤坝决口快速封堵装置

吸水膨胀袋（无土沙袋）适用于砂石土料匮乏时的迎水面管涌口、裂缝等抢险处理，通过水流吸附在管涌口或裂缝中，实现膨胀封堵。

图 3.5-7　防汛抢险吸水膨胀袋（无土沙袋）

3. 防汛抢险土工包（大沙袋）

防汛抢险土工包（大沙袋）（图 3.5-8）整体强度高，填装、抛投过程可靠性高，可全部实现机械化；装备耐久性好，储存 15 年以上仍可以满足使用要求；特殊的封口设计，保证防汛抢险土工包入水后内部填料流失量在可控范围内。但需要使用大型吊装设备抛投，对使用现场条件要求高。

防汛抢险土工包袋身长≥2m，周长≥4.5m，填装后重量＞5t。袋身基材采用高强度改性聚丙烯材料，由单股单一纤维编织而成，袋身四周无接缝，纵向拉伸强度≥80kN/m，横向拉伸强度≥80kN/m。

图 3.5-8　防汛抢险土工包（大沙袋）

防汛抢险土工包适用于堤坝应急堵口、大江施工截流、崩岸抢护等情况，也可以用于压脚护坡、填塞漏洞等。

4. 装配式防洪子堤连锁袋

装配式防洪子堤连锁袋（图 3.5-9）表面开口，内设隔板袋，隔板袋内及两端立面采用高强度聚丙烯板结构框架支撑，两端结构框架纵板及袋体均开孔。

装配式防洪子堤连锁袋（以下简称连锁袋）每组长 5m、宽 1m、高 1m，由 5 个单元组成，每单元长、宽、高均为 1m；连锁袋迎水面的底部，设置长 5.8m、宽 0.7m 的防渗铺盖；连锁袋迎水面首尾均设置有尼龙搭接扣。连锁袋单位面积质量≥170g/m²，纵、横向拉伸强度≥30kN/m，CBR 顶破强度

图 3.5-9　装配式防洪子堤连锁袋

≥3.5kN，抗紫外线强度保持率≥80％，抗冲击强度≥55kJ/m²，抗弯曲强度≥20MPa。

装配式防洪子堤连锁袋适用于筑建水库、堤防和调水工程渠道的应急防洪子堤，也可应用于管涌险情抢护的反滤围井。

5. 注水式移动折叠防汛挡水墙

注水式移动折叠防汛挡水墙（图3.5-10）其工作原理为"以水堵水"，代替了以往传统沙包石方等繁重的人力物力，具有抢险速度快、施工方便、可连接使用、节省人力等优点。

其布厚度0.87mm，断裂强度23.39kN/m，断裂伸长率20.23％，尺寸0.7m×0.4m×0.7m（长×宽×高），在需要堵水的地方由两人将挡水墙打开并在需挡水方位进行放置，也可弯曲走向，只需2~3人在2~3min内便可快速修建一道6m长的坚固挡水墙。

图3.5-10 注水式移动折叠防汛挡水墙

注水式移动折叠防汛挡水墙适用于堤坝的临时加高、防水围墙的构筑，护坡防冲、管涌和暗洞堵塞等挡水和防水抢险作业。

6. 防爆墙子堤网箱

防爆墙子堤网箱（图3.5-11）是一种快速筑城器材，在缺乏土石料源处，能快速应对险情。其主要由钢丝网片和防水土工布组成，展开后外形尺寸3.03m×1.24m×1.03m（长×高×厚），可多层叠放。

该设备机械化程度高，占用人力少，作业速度快、效率高，构筑的防洪墙整体性好，能够耐受较强的水流冲击。

图3.5-11 防爆墙子堤网箱

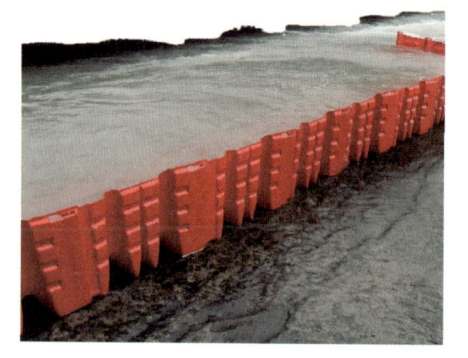

图3.5-12 活动式防洪板

7. 活动式防洪板

活动式防洪板（图3.5-12）是一种拦阻水、可独自支撑站立的临时性防洪板，具有轻量化、高强度、容易设置、便于洪水初期快速处置、可重复使用等特点。水的重量压在挡板底部，挡板将重量转化为"压力"，即使是洪水达到挡板顶部仍然非常稳固，水位越高挡水效果越好。

活动式防洪板采用 ABS 一体成型工艺，每片隔板仅重 3.4kg，厚度一般在 4~5mm，弯度可调节±3°，可承受温度范围为-40~+90℃，紧急情况安装速度可达 10m/min。

适用铺设于坚硬平整的地面，例如城市常见的沥青路面、水泥地面等，用于抵御临时暴雨洪水，可保护仓库厂房、停车场等重要建筑物免受洪涝灾害威胁。

3.5.3 专用作业装备

1. 旋转型伸缩臂叉车

旋转型伸缩臂叉车（图 3.5-13）采用柴油机驱动，越野性能好，带伸缩臂，静压传动，由前轮全驱动，后轮转向，带辅助支撑腿，落臂与伸缩带液压平衡。设备举升高度 15.0m，提升载荷能力 4.0t，车身旋转 360°，最大可向前伸长 10.50m（前轮最前端至载荷中心距的距离），整机重量 16.5t。

在堤防条件较差时，旋转型伸缩臂叉车适用于短距离转运沙袋等抢险物资，也可作为作业平台或抢救人员、查勘险情。

2. 拓荒机器人

拓荒机器人主要包括遥控拓荒机器人、堤防砍伐机器人和可空降型多功能遥控抢险车等。

（1）遥控拓荒机器人

图 3.5-13 旋转型伸缩臂叉车

遥控拓荒机器人（图 3.5-14）由动力平台和工作装置两大部分构成，其中动力平台包括机架总成、履带行走机构、动力单元、液压装置、电控系统等。

整机发动机功率 27.1kW，工作坡度大于 30°，工作装置切割宽度 1.30m，最大遥控距离 150m，最大工作效率 5000m²/h，作业能力相当 8 个以上人工。

遥控拓荒机器人适用于防洪堤坝、道路边坡、防火隔离带等复杂地形环境下灌木杂草的切除粉碎作业，适应颠簸起伏的坡道作业，遥控操作可确保人员安全，便于险情查勘。

图 3.5-14 遥控拓荒机器人　　　　图 3.5-15 堤防砍伐机器人

（2）堤防砍伐机器人

堤防砍伐机器人（图3.5-15）场地适应性高，能有效应对堤防、大坝、丛林、沼泽等各类复杂地形，短小精悍，机动灵活，易运输。

常规设备长度仅4m，可实现原地360°转向，1min即可实现快速更换功能模块，可搭配多种属具；作业速度2km/h；作业宽度1.8m；连续作业时间5~8h；尺寸小于4m×2m×2.2m（长×宽×高）。

堤防砍伐机器人适合清理堤坝杂草灌木，便于及时发现安全隐患，为管涌等险情排查创造条件，也可以通过属具更换，用于清理小型泥石流、山体滑坡，除冰除雪，快速抢通道路等。

3. 可空降轻型多功能遥控抢险车

可空降轻型多功能遥控抢险车全重≤3500kg（不含备用属具），外形尺寸≤4500mm×1700mm×1700mm（长×宽×高），最大行驶速度≥30km/h，最大爬坡度≥70%，作业功率≥80kW，工作海拔≥4500m，设备配备推土铲、挖斗、抓斗、破碎锤、凿岩机、液压剪、绞盘、照明灯组、电/液压输出端口。

可空降轻型多功能遥控抢险车（图3.5-16）在空投后可进行挖掘、推铲、破拆、移除、钻孔、照明、输出电液动力等多种作业，可承担全域多样化快速立体救援任务。

图3.5-16 可空降轻型多功能遥控抢险车

可空降轻型多功能遥控抢险车适用于灾区成为"孤岛"的情形，也可用于山地、隧道、建筑废墟和地下空间等复杂环境，在狭小复杂环境和山地高原工程保障中有着突出优势。

3.6 支援保障装备

支援保障装备可分为铺桥架路装备、动力保障装备、应急照明装备、食宿医疗保障装备等。铺桥架路装备一般指能够在交通道路阻断情况下，实现快速铺桥架路保障交通的特种装备。动力保障装备一般指在灾区等救援一线，提供电力和动力保障的装备。应急照明装备指能够为救援现场提供持久照明的特种应急装备。食宿医疗装备是指可为救援提供生活条件保障的装备。

3.6.1 铺桥架路装备

1. 应急架桥车

应急架桥车（图 3.6-1）整车外形尺寸为 11.8m×3.2m×3.8m（长×宽×高），整车重量 31t，可在 14min 内搭建一个长 25m、宽 3.2m 的临时桥梁，供救援车辆和人员通行，桥体最大承载能力 30t，履带式载荷 30t，轮式轴载 13t。

图 3.6-1 不同型号的应急架桥车

应急架桥车以军转民用设备为主，可快速跨越沟谷障碍、连接浮桥码头等，具有快速、安全等特性。适用于洪水、泥石流等地质灾害造成道路损坏、桥梁垮塌时的交通应急恢复，也可作为堤防决口封堵的跨桥。

2. 超大跨度应急机械化桥

超大跨度应急机械化桥（图 3.6-2）是一种桥梁跨度大、通载能力强的装备，可在 3h 内完成架设一座 81m 的应急桥。装备采用专用车辆作业和运输，机动性能好。该装备机械化程度高、架设人员少，整装通过性能好，可通载普通民用轿车等。承载能力：履带载重 50t、轮式载轴压力 13t；桥梁总长度≥81m；作业人数≤8 人。

超大跨度应急机械化桥适用于在桥梁损毁、道路冲毁等灾害发生后，紧急架设桥梁，保障车辆和人员通行。

3. 应急分置式舟桥

图 3.6-2 超大跨度应急机械化桥

应急分置式舟桥（图 3.6-3）可根据需要组合成带式舟桥、分置式舟桥，以及不同规格的渡驳。车行部宽 4.5m，可在 40min 内架设 100m 舟桥，适应最大流速 3.5m/s；最大通行荷载履带式 60t，轮式单轴压力 20t。

应急分置式舟桥适用于紧急或非正常状态时快速架设通道，保障重型装备和车辆迅速通过长江、黄河等大中型江河。

3.6.2 动力保障装备

1. 应急发电车

应急发电车（图 3.6-4）一般采用货车底盘，货仓搭载大功率柴油发电机组，相比于应急电源车，应急发电车以发电功能为主，适用于临时或短期电力需求的场合。

图 3.6-3　应急分置式舟桥

常规的应急发电车车厢长度可达 9.2m，发电机最大功率可达 1000kW，输出电压为 220V、380V、10kV、20kV，工作噪声小于 80dB。应急发电车可配备智能监控并机系统，采用高科技的微处理数字技术，可无触点控制；现场可实现简便、快捷、经济和可靠的多台组合并机运行。

应急发电车能够在紧急情况下保障地区的用电，也可应用于需要多台电站加大功率同时并机的场合。

图 3.6-4　应急发电车　　　　　　　　图 3.6-5　应急电源车

2. 应急电源车

应急电源车（图 3.6-5）是在货车底盘上加装厢体及发电机组和电力管理系统的专用车辆，作机动应急备用电源使用。相比于应急发电车，应急电源车集成了多种电源技术，提供全面的电力解决方案，适用于需要稳定和连续电力供应的场所。其配备的发电机功率一般为 100kW 左右，可满足小型电力供应。

应急电源车主要适用于停电将会产生严重影响的电力、通信、会议、工程抢险和军事等场所。

3.6.3　应急照明装备

1. 移动智能照明平台

移动智能照明平台（图 3.6-6），可自动装卸，具有作业时间长、照明范围广、智能控制等特点，具有可远程操作、运输方便、单人可操作等优势。

展开状态　　　　　　　收纳状态　　　　　　　自动装卸

图 3.6-6　移动智能照明平台

光源类型：LED；工作电源：220V/50Hz，灯头功率 4×550W，上下旋转 0°～90°，水平旋转 0°～360°，外壳防护等级 IP65，最大升起高度 10m，升降方式为液压，上升时间 90s，下降时间 70s；发动机额定功率 5.0kW，连续工作时间 15h；电启动方式，风冷冷却，5G 传输，远程传输，重量约 750kg。

移动智能照明平台适用于防汛抢险、应急救援、大型抢修等大面积照明使用，便于单人移动、展开、升起使用。

2. 便携式照明无人机平台

便携式照明无人机平台（图 3.6-7）一体机箱重约 18kg，方便携带，可在 3min 内完成部署，提供不间断长时间照明；与受限于高度和位置的传统固定式照明相比，其光照无死角无浪费，可大幅降低光污染，提升光效率。升空最大高度 50m，光通量 10 万 lm，单机模式可有效照明 8000m²，多机操作可叠加。飞行组件重 1.3kg，安全可靠，可适应 -25～60℃ 环境温度和海拔 5200m 高原环境，可抗 7 级大风。

便携式照明无人机平台适用于夜间户外应急检查、检修、施工等现场照明，因其可移动的特性，可广泛应用于水域应急救援和作业。

图 3.6-7　便携式照明无人机平台

3.6.4　食宿医疗保障装备

食宿医疗保障装备可为应急救援提供基本的生活保障，常见的有移动食宿保障装备、移动医疗保障装备（图 3.6-8）。

移动食宿保障装备车体的扩展方舱由空气调节系统、卫生间、洗漱间、电气系统等组成，具有舒适的就寝环境及齐全的卫生设施，整车外形 9880mm×2550mm×3880mm（长×宽×高），住宿人数可达 24 人，可满足多人同时洗漱，展开和收拢时间不大于 5min。移动医疗保障装备车可以同时进行外科手术、介入治疗和影像检查，安装有空气净化系统、洗手池、储能电源、移动担架床、氧气系统等辅助装置，手术室洁净度达到万级标准。

食宿医疗保障装备可直接开赴现场，灵活方便，适用于野外抢险救援和医疗救援。

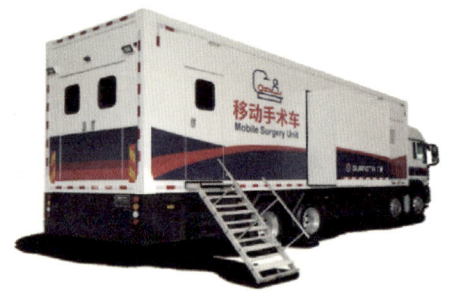

(a) 移动食宿保障装备　　　　　　　　(b) 移动医疗保障装备

图 3.6-8　食宿医疗保障装备

4 典型应用案例

4.1 河南郑州"7·20"特大暴雨灾害

4.1.1 灾情概述

2021年7月17—23日，河南省遭遇历史罕见特大暴雨。全省平均过程降雨量223mm，有285个站过程降雨量超过500mm，有20个国家级气象站日降雨量突破建站以来历史极值。此次灾害造成河南省16市150个县（市、区）1478.6万人受灾。其中，郑州市超过一半小区（2067个）的地下空间与重要公共设施受淹，多个区域断电、断水、断网，道路交通断行。郑州市西部山区新密市、荥阳市、登封市、巩义市发生山洪灾害，尤其郑州地铁5号线、郑州京广快速路北隧道、荥阳市崔庙镇王宗店村山洪灾害等造成重大人员伤亡。

4.1.2 灾情监测

灾情发生后，利用高分三号和高分六号卫星对灾区开展预警监测工作，利用卫星开展成像工作，为洪涝灾情监测以及灾后评估提供了空间信息支撑。

4.1.3 应急通信

河南暴雨造成通信基站大面积退服，多条通信光缆严重受损，其中巩义市米河镇一度发生通信中断。7月21日，无人机搭载无线通信基站飞抵米河镇执行应急通信保障任务。通过无人机（图4.1-1）空中应急通信平台搭载的移动公网基站，实现了约50km²范围长时间稳定的连续移动信号覆盖，有效恢复了当地的通信联络，为救援指挥和受灾群众的信息传递提供了重要保障。

图4.1-1 无人机搭载通信基站保障通信

4.1.4 城市内涝排险

城市内涝抢险救灾过程中，"龙吸水"排水车（图4.1-2）发挥了重要作用。此次灾害救援共调派21台"龙吸水"排水车，这些"龙吸水"排水车每小时抽水达3000m³，相比传统排水机器每小时抽水50多m³，"龙吸水"排水车极大提升了抢险速度和效率，为救援工作赢得了宝贵时间。

4.1.5 水上救援

河南省新乡市多条河流水位超保证水位，多个村庄被洪水围困，为解决涉水抢险难题，救援队伍架设两台长40m、宽8m的应急动力舟桥（图4.1-3）前往新乡市卫辉市顿坊店乡，开辟水上运输通道，对前稻香村、后稻香村被困村民进行紧急转移，安全转移1490名群众。

图 4.1-2 "龙吸水"排水车抽水现场

图 4.1-3 应急动力舟桥救援现场

4.2 海河"23·7"流域性特大洪水

4.2.1 灾情概述

受台风"杜苏芮"影响，从 2023 年 7 月 29 日开始，以京津冀为重点的华北地区遭遇强降雨过程，3 天内连发 7 次暴雨红色预警，降雨时间超 70h，最大累计降雨量达 1003mm，最大小时降雨量超 100mm。北京市房山区、门头沟区及河北省涿州市等地遭受严重洪涝灾害，部分地区道路交通完全阻断，部分山区通信完全中断。

4.2.2 灾情监测

气象部门利用风云系列卫星对降雨过程进行实时监测。灾情发生后，有关单位紧急调派卫星对相关受灾区域进行卫星影像拍摄，开展灾害监测（图 4.2-1）。相关单位根据 7 月 30 日高分三号卫星影像，制作北京地区周边洪涝检测专题图，利用高分三号卫星对重点受灾区域进行雷达遥感监测，分析灾害发展趋势及受灾区域村庄、农田被淹情况，为应急响应及灾后评估提供数据支撑。

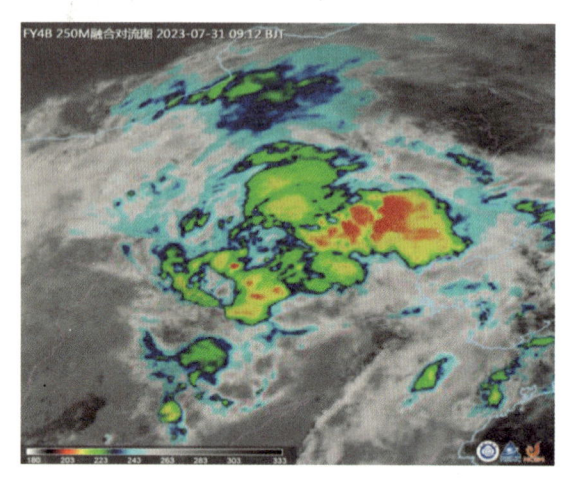

图 4.2-1 卫星开展降雨过程监测和灾情监测

4.2.3 空中救援

暴雨导致北京市门头沟区部分区域山体塌方、道路积水严重、通信中断，部分村庄与外界失去联系，成为"孤岛"。多型无人机（图 4.2-2）装备参与了此次救援任务，构建了立体化救援体系，开展物资运输、灾情监测、通信中继等任务。多旋翼无人机通过实时高清影像传输开展灾情侦察，为指挥中心提供精准的灾情信息，辅助决策调度。同时，无人机搭载扩音设备，对灾区进行喊话安抚，有效稳定了受灾群众情绪。大载重无人直升机负责保障通信中继，确保受灾区域通信畅通，投送应急物资，协助受灾群众转移，为防汛指挥提供技术支持。

图 4.2-2 无人直升机和多旋翼无人机

4.2.4 水上救援

河北省涿州市因持续强降雨导致大面积积水，部分区域水深超过 2m，传统救援船只难以通行，严重阻碍了受灾群众转移和物资运输工作。8月2日，相关单位紧急调派气垫船（图 4.2-3）赶赴涿州灾区参与抢险救灾任务，协助当地政府撤离被困群众，同时，气垫船还承担了应急物资运输任务，将食品、饮用水、药品等急需物资送至养老院、小山村，为受灾群众提供及时的生活保障。

图 4.2-3 气垫船救援现场

4.2.5 应急通信

受连续强降雨及地质灾害影响，北京市门头沟区通信基础设施受损严重，导致通信网络中断，防汛救灾指挥调度和公众通信受到极大影响。为恢复灾区通信能力，保障防汛救灾工作高效开展，利用无人机（图 4.2-4），搭载高空基站设备对门头沟区王平镇、潭柘寺镇等受灾严重区域执行应急通信保障任务，无人机高空基站迅速升空，在灾区上空构建临时通信网络，解决了地面基站损毁导致的通信中断问题，为防汛救灾指挥调度提供通信保障，恢复灾区公众通信基本能力。

图 4.2-4 无人机和高空基站

4.3 2024年南方暴雨洪涝灾害

4.3.1 灾情概述

2024年6月中旬，我国南方地区遭受大范围强降雨袭击，多地降雨量突破历史极值。其中，福建省龙岩市6月16日至17日24h过程降雨量达到历史极值；广西壮族自治区桂林市6月13日至19日期间，38个气象站降雨量突破历史纪录，截至6月20日16时，安徽省黄山市平均降雨量达232mm，较常年同期偏多11.2倍。此次极端天气过程导致多地发生严重洪涝灾害及次生地质灾害。

4.3.2 山体滑坡抢险

6月16日，福建省龙岩市上杭县苏家坡村G319国道北侧因持续强降雨引发山体滑坡，滑坡体坡度高达60余度，地势险峻，传统救援方式难以实施。救援指挥部经过多次实地勘察，先后3次优化救援处置方案，高边坡危险区域最终采用智能无人遥控挖掘机（图4.3-1）开展作业。该装备通过远程操控技术，使作业人员在安全区域即可完成危险路段清障和抢通作业，显著提升了救援效率，降低了人员伤亡风险。

图4.3-1 无人遥控挖掘机现场抢险和人机交互系统界面

4.3.3 内涝排险

在广西壮族自治区桂林市排涝抢险作业中，多台大功率排涝车（图4.3-2）发挥了重要作用。其中，5000m³排涝车凭借其优异、可靠的工作性能，成为此次排涝抢险单机工作效率最高、单机排水量最多的装备。此外，本次救援中还运用了4000型排水抢险车、履带式全地形供排水车等多种先进设备进行抢险作业，累计排除积水约26.6万m³。

4.3.4 应急通信

6月20日，安徽省黄山市歙县部分区域基站链路因灾受损，导致当地通信中断。专项工作组采用航空应急宏基站，适配无人直升机（图4.3-3）开展应急通信保障。救援队伍自歙县王村镇起飞，对绍濂乡小溪村、清溪村及古祝村实施通信保障。分别于6月21日8—10时、12—14时、15—17时执行了三个架次的公网恢复任务，累计实现电信用户接入2436人次，服务受灾村民530人，完成应急通话2390余次，为灾区救援指挥和群众通信提供了支撑。

图 4.3-2 排水抢险车及排水现场

(a) 应急通信车

(b) 无人直升机

图 4.3-3 应急通信保障装备

4.4 团洲垸洞庭湖决堤抗洪抢险

4.4.1 险情概述

2024 年 7 月 5 日，湖南省岳阳市华容县团洲垸洞庭湖一线堤防发生管涌险情，紧急封堵失败后堤坝决堤，决口宽度最宽延伸至 226m，严重威胁周边地区安全。

4.4.2 灾情遥测

洞庭湖大堤发生决口险情后，利用高分三号 02 星、高分三号 03 星、高分一号、高分四号等多颗高分辨率卫星对受灾区域实施高精度、高频次观测。通过对卫星数据快速处理和解译，获取了洪水淹没区域、受灾范围和影响程度等信息。同时将受灾区域实时监测和灾情评估数据传送至相关部委及救援单位，确保了灾情信息动态传递与有效利用，为救援调度指挥提供了科学决策依据。

4.4.3 水情监测

中国电力建设集团有限公司使用无人机搭载超声波无线测深仪、雷达波流速仪等设备，对溃口水深、流速、决口宽度等关键数据开展测量，利用堤内、堤外布设的水位自动监测站

（图 4.4-1），对堤防内外水位变化情况进行实时监测。湖南省水文水资源勘测中心利用应急监测平台，实现堤内外水位变化及演化趋势的实时展示，将监测数据及时提供给现场抢险指挥人员以及国家防指专家，自 7 月 6 日起，累计上报和提供水情信息上万余次，为溃口封堵、堤垸排水方案制定以及防线布防决策提供了科学的数据支撑。

4.4.4 应急救援

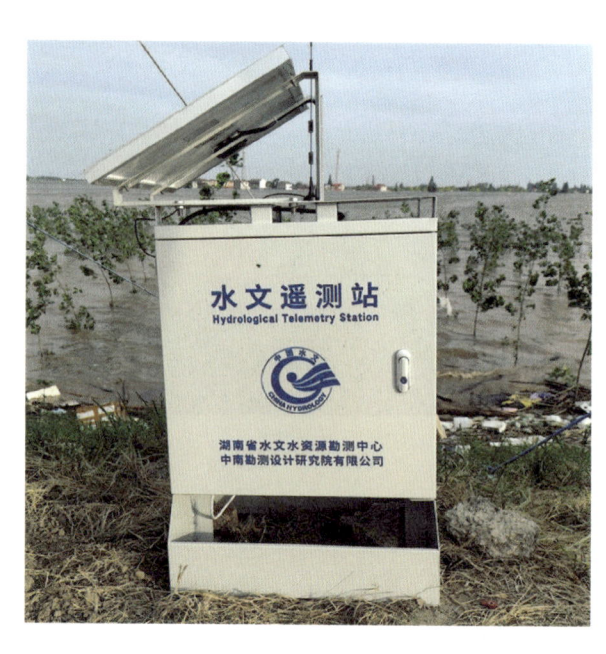

7 月 5 日下午，中国应急"长沙号"（图 4.4-2）从岳阳城陵矶港开拔，于夜间 12 时抵达团洲垸溃口现场，展开救援行动。作为湖南省首艘大型多功能工程应急救援船，到达救援现场后，"长沙号"作为本次应急救援的临时指挥中心，

图 4.4-1 堤内水位自动监测站

华容县团洲垸抗洪抢险前方指挥部多次在"长沙号"上召开现场会，进行现场指挥救援。"长沙号"集应急救援指挥、物资补给、人员运输、船舶拖带、紧急撤离、砂袋打包及侧向抛投等多种功能于一体，救援现场充分发挥其装备性能优势，组织人员进行砂石打包储备工作，累计打包砂石近 400t、使用砂袋 2 万余个、格宾石笼 5000 余个，全部移交救援现场，为钱粮湖与团洲垸隔堤加固及时提供了应急物料保障。

图 4.4-2 中国应急"长沙号"在团洲垸溃口现场救援

7 月 8 日晚，团洲垸大堤决口完成封堵后，垸内需排出渍水超过 2 亿 m³，为尽快完成排涝工作，累计投入排涝设备 1500 多台（套）（图 4.4-3），包括大功率油电混合一体化泵车、大流量排水抢险车等。

图 4.4-3 排涝设备进行积水抽排

4.5 "7·19"柞水暴雨山洪灾害

4.5.1 险情概述

2024年7月19日20时40分左右，陕西省商洛市柞水县境内突发暴雨山洪，G4015丹宁高速公路水阳段（柞水县至山阳县）山阳方向K46+200处严坪村二号桥局部发生单侧垮塌，造成25辆车辆坠河，62人死亡失踪。

4.5.2 高空巡检及通信保障

灾害发生地多山地密林、搜救范围大、参与人员多、信号覆盖弱，救援现场由多旋翼无人机（图4.5-1）搭载警用数字集群（Police Digital Trunking，PDT）基站，配合地面通信设备，搭建了一张"立体救援、精准救援、高效救援"的空中救援专网，实现了一线救援人员与后方指挥部门专网语音互通、指挥中心接收灾情现场实时侦察视频等功能，有力保障了相关救援行动的顺利进行。同时，现场利用复合翼无人机，搭载高清可见光、红外等载荷对垮塌公路周边及下游部分地区进行巡检搜救。

图 4.5-1 复合翼无人机与多旋翼无人机

4.5.3 水陆空协同救援

金钱河洪水导致沿岸道路损毁严重，且水下环境复杂，搜救工作难度较大。救援现场从水下、水面、空中三个维度协同展开搜救。水下救援方面，部署了MS-300侧扫声呐系统

[图4.5-2（a）]和3000高斯磁力打捞器，MS-300侧扫声呐系统凭借其高分辨率成像能力，能够精准探测水下目标，即便在浑浊、复杂的水域环境中，也能清晰呈现水下状况。搭配3000高斯磁力打捞器，可对金属物品进行快速精准定位与打捞，大大提高了水下搜救效率。水面救援采用玻璃钢冲锋舟[图4.5-2（b）]和橡皮艇，这些装备具备良好的机动性与灵活性，能够在湍急水流与复杂水面环境中快速穿梭，方便救援人员接近受困群众，及时实施救援行动。空中救援方面，采用无人机配备30倍光学变焦及热成像模块，在空中进行大范围搜索，极大提升了空中搜救的覆盖范围与精准识别能力。通过一系列技术装备协同运用，大幅提升了搜救速度与精准度。

(a) 水下侧扫声呐　　　　　　　　　　(b) 玻璃钢冲锋舟

图4.5-2　水下侧扫声呐和玻璃钢冲锋舟

4.6 "应急使命·2024"演习

4.6.1 演习概述

2024年5月10日，国家防汛抗旱总指挥部办公室、应急管理部、浙江省政府在浙江金华等地联合举办超强台风防范和特大洪涝灾害联合救援演习，代号"应急使命·2024"。演习立足防范应对超强台风和特大洪涝灾害，充分考虑各种突发情况和安全风险，全要素、全流程、全链条设置相关内容，安排了35个科目组织实施。演习科目采取实导实演、实兵实战、实景实传等方式，全景式、全维度展现联合救援、科学救援、高效救援。在演习中亮相了多款先进应急装备，这些装备在提升应急响应和抢险救灾能力方面发挥了重要作用。

4.6.2 堤防管涌渗漏险情处置

此次演习模拟浙江省金华市受台风影响，金华江水位持续高位运行，堤防出现管涌、渗漏等险情，如不及时处置，极易引发堤坝溃决等重大风险，严重危及人民群众的生命财产安全。

演习现场，多种巡堤查险技术装备（图4.6-1）亮相，首先使用应急智巡无人机在空中快速巡查堤防背水坡险情，再通过巡堤查险车、智能勘测机器人对堤坝内部进行精细勘测，同时利用光纤险情探测仪对堤坝安全进行持续动态监测，实现对管涌、渗漏等堤防险情全方位、立体式勘测。新技术、新装备在此次巡堤查险演习中打造了"空陆协同、巡测一体"的解决方案，推动防汛查险迈向更高效、更精准、更安全、更智能的发展方向。

(a) 应急智巡无人机　　　　　　　　　(b) 巡堤查险车

图 4.6-1　巡堤查险技术装备

4.6.3　"孤岛"救援

"孤岛"救援场景演习中，金华市人民政府防汛防台抗旱指挥部办公室（以下简称金华市防指办）要求属地迅速组织社会救援、医疗救护和专业救援等力量投入救援，同时向应急管理部自然灾害工程应急救援队伍发出救援请求。应急管理部自然灾害工程应急救援队伍接到金华市防指办协助救援请求后，指派动力舟桥编组立即前往协助人员转移，并派出专业技术人员对航行路线等信息实施空中、水上立体侦测。无人侦测船［图 4.6-2（a）］，对河道水位、水深、流速等信息实施探测，形成三维数据模型，确定安全可靠的航行路线。动力舟桥［图 4.6-2（b）］迅速向"孤岛"方向行驶，将受困群众转运至安置区上岸，通过大巴转运至安置区，医务人员对群众进行心理安抚。

(a) 无人侦测船　　　　　　　　　　　(b) 动力舟桥

图 4.6-2　水上救援装备

4.6.4　堤防决口险情处置

此次演习模拟浙江省金华市受台风影响，金华江水位快速上涨，金华江右岸发生重大渗漏，险情迅速扩大，突发决口。

演习现场，应急管理部自然灾害工程应急救援队伍采用"水面植桩单戗单向进占"的战法组织决口钢板桩戗堤进占。该战法主要利用水上作业平台（图4.6-3）配合植桩机在决口外侧开展植桩作业，形成钢板桩水面戗堤，配合地面土石方戗堤进占。在水上作业平台指挥员的有序指挥下，植桩机操作手将一根根钢板桩植入江底，快速形成一道钢铁堤防，龙口流速得到有效控制，为后续决口封堵行动提供了有利条件。

水上作业平台的亮相，展露了应急管理部自然灾害工程应急救援中心"水陆一体化"的抢险作战能力，推动抢险能力向全方位、立体化作战模式发展。

图 4.6-3　水上作业平台

5 政策要点

5.1　国家高度重视

2024年7月18日，中国共产党第二十届中央委员会第三次全体会议通过了《中共中央关于进一步全面深化改革、推进中国式现代化的决定》，要求完善大安全大应急框架下应急指挥机制，强化基层应急基础和力量，提高防灾减灾救灾能力。

2024年7月25日，中共中央政治局常务委员会召开会议，研究部署防汛抗洪救灾工作。中共中央总书记习近平主持会议并发表重要讲话，要全力开展抢险救援救灾，加强统筹部署和超前预置，强化基层应急基础和力量，不断提高全社会综合减灾能力。

5.2　行业加快安全应急装备推广应用

2023年9月22日，工业和信息化部、国家发展改革委、科技部、财政部和应急管理部联合印发《安全应急装备重点领域发展行动计划（2023—2025年）》（工信部联安全〔2023〕166号），要求到2025年，力争安全应急装备产业规模、产品质量、应用深度和广度显著提升，对防灾减灾救灾和重大突发公共事件处置保障的支撑作用明显增强。安全应急装备重点领域产业规模超过1万亿元，形成10家以上具有国际竞争力的龙头企业、50家以上具有核心技术优势的重点骨干企业，涌现一批制造业单项冠军企业和专精特新"小巨人"企业，培育50家左右国家安全应急产业示范基地。

2024年3月1日，工业和信息化部办公厅发布《关于组织开展2024年安全应急装备应用推广典型案例征集工作的通知》（工信厅安全函〔2024〕51号），要求加快推动安全应急产业创新发展，推广一批具有较高技术水平和显著应用成效的安全应急装备。2024年8月12日，工业和信息化部安全生产司印发《关于2024年安全应急装备应用推广典型案例入选项目的公示》，确定了将大流量压缩空气泡沫举高喷射消防车等150个装备产品应用案例列入"2024年安全应急装备应用推广典型案例"。

5.3　行业加快防汛抢险装备推广应用

2023年7月5日，应急管理部办公厅印发《防汛抢险先进技术装备推广目录（2023年版）》（应急厅〔2023〕16号），提出结合当前全国防汛工作实际，加强先进适用装备推广应用的安排部署。加强先进技术、装备的配备力度和推广应用，提升防汛抢险工作现代化水平。

2024年1月5日，应急管理部、工业和信息化部发布《关于加快应急机器人发展的指导意见》（应急〔2023〕148号），要求加快推动应急机器人技术发展与实战应用，针对抗洪抢险领域的应急能力提升需求，增强重特大灾害事故无人化、智能化抢险救援能力，推动人灾直接对抗向依靠机器人减人换人模式转变。

2024年8月1日，国家防汛抗旱总指挥部办公室印发《国家防汛抗旱总指挥部办公室关于进一步加强防汛抢险先进适用技术装备应用的通知》（国汛办〔2024〕9号），要求充分认识先进技术装备作为防汛抢险新质生产力的关键作用，加快推进规模化应用。做好先进技术装备社会资源统筹与预置工作，加强先进技术装备实战环境下的演练培训，系统性开展先进技术装备示范应用，建立完善先进技术装备实战应用保障机制。

5.4 行业加快推动完善标准体系

2024年2月19日，国家标准化管理委员会发布《2024年全国标准化工作要点》，强调在安全应急装备等领域超前布局一批新标准，引导产业发展方向，积极培育新业态新模式。积极统筹开展安全应急装备标准需求研究和重点标准研制，加快推动标准化工作。

2024年4月15日，工业和信息化部科技司发布《安全应急装备标准化工作组筹建方案公示》，提出亟须加强安全应急产业标准化水平，推进高质量发展，增强防灾减灾救灾和重大突发公共事件处置保障能力。2024年8月15日，工业和信息化部安全生产司发布《关于征集安全应急装备标准化工作组委员的通知》（工安全函〔2024〕166号），要求筹建工业和信息化部安全应急装备标准化工作组，在安全应急装备专业领域从事行业标准研究和制修订等工作。

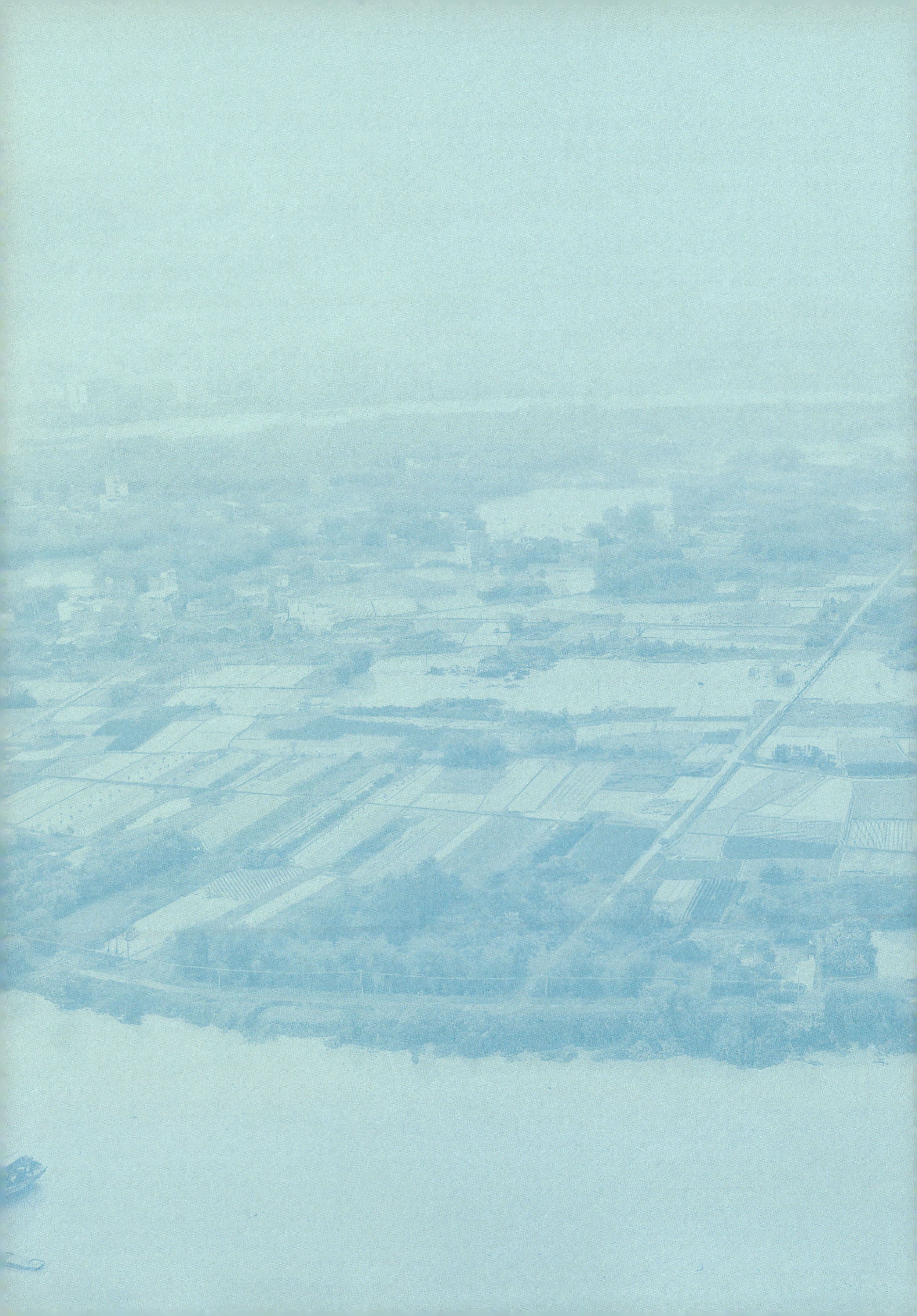

6 发展展望

6.1 技术装备发展方向

6.1.1 防汛查险技术装备

防汛查险技术装备的发展方向将围绕无人化、集成化、便携化、智能化等核心趋势展开。防汛查险技术装备将通过多技术集成实现更加精确的灾害监测与预警，结合人工智能和物联网技术，实现自主巡检和智能决策。同时更加注重轻量化设计与便捷操作，以适应多种复杂地形和突发状况。

（1）**巡堤查险装备无人化**。巡堤查险无人装备未来将进一步取代传统人工巡堤方式，提升查险效率和安全性。无人机、无人船、地面巡逻车等装备将成为防汛查险的主力，实现自主巡逻堤坝，实时采集数据并反馈险情，覆盖范围更广，响应速度更快。通过智能化系统，无人化装备可以全天候监测堤防状况，识别潜在隐患，减少人为失误。同时，无人化装备能够进入危险或人员难以到达的区域，保障堤坝查险工作的连续性与安全性。

（2）**查险探测技术集成化**。目前险情探测装备因探测原理不同，单一技术装备探测速度、探测深度和探测精度往往不能兼得。如探地雷达适合浅层高分辨率探测，用于寻找地下空洞浅层目标；瞬变电磁法适合深度导电性异常体探测，具有较强的深部探测能力；激光雷达能生成高精度地形和三维模型，能够寻找地形表面存在的异常裂缝和形变；探地雷达、瞬变电磁、高密度电法、地震勘探、声呐、激光雷达等探测方法各有优势和局限性，因此集成化查险探测装备中多种探测技术，可实现探测成果交叉对比，互相验证，实现全方位、深度、多维度的数据采集与分析，从而达到更高的探测精度。

（3）**查险装备便携轻量化**。传统查险装备通常体积庞大、重量较重，限制了其在复杂地形和紧急情况下的快速部署，影响了设备的适用性。鉴于上述问题，便携式查险装备的种类逐渐丰富，涵盖了无人机、手持激光雷达、流速仪、便携式探地雷达等。例如，利用无人机搭载多种传感器，快速覆盖大范围区域并实时回传数据；手持激光雷达可以快速获取堤坝表面形状或滑坡形变；便携式探地雷达适用于浅层地下结构探测，常用于河堤渗漏、地下空洞等隐患排查。未来，便携式装备将朝着轻量化、智能化的方向发展，通过使用新型复合材料和高效能电池技术，装备将进一步减重，并具备更长的巡航能力和更高的作业精度。

（4）**查险装备决策智能化**。目前查险装备主要依赖人工操作，在数据采集、数据分析、决策部署各个阶段往往需要专业人员介入，使得查险过程耗时长、协调难、效率低，尤其在突发山洪、城市内涝等灾害中，决策滞后导致隐患无法及时排查和应对。一些查险装备集成智能化已经开始应用，结合人工智能技术，能自动识别堤防裂缝、渗漏等问题，并实时反馈险情。未来，查险装备智能化将进一步发展，人工智能、大数据、物联网等技术深入融合使得查险装备不仅能自动识别险情，还能基于历史数据和环境变量进行分析与发展趋势预测，提出最佳决策方案。

6.1.2 防汛抢险救援技术装备

随着我国对防汛抗洪应急救援工作的重视，防汛抢险救援技术装备也逐步得到发展，但总体而言，仍存在研发能力弱、集成化程度低、机动灵活性差、专用设备不足的短板。随着社会快速进步和科技飞速发展，防汛抢险救援技术装备将不断升级，朝着多样化、多功能化、信息化和智能化方向进一步迈进。

（1）**装备结构设计模块化**。当前防汛抢险救援技术装备的设计往往缺乏模块化和快速拆装功能，导致在应对突发灾害时，装备部署和调配速度受到限制。泵站、发电等大型装备的安装和拆卸需要大量时间和人力，降低了防汛抢险应急反应效率。不同的抢险应急任务往往需要不同的应急装备，采用模块化设计与快速拆装结构可提高应急抢险装备的灵活性和使用率。未来防汛抢险可以通过更加标准化、轻量化的模块化设计，快速拆装并适应不同的抢险场景，不仅缩短装备的部署时间，还能使装备在不同任务间实现快速切换，从而提升应急响应的灵活性和效率。

（2）**通用装备转换快速化**。防汛抢险工作通常面临时间紧、任务重的压力，抢险过程中需要装备能够迅速到达现场并投入使用。然而，防汛抢险救援技术装备的使用频率较低，市场需求较为有限，这使得专用装备的研发投入高、收益低。由于装备的高专业性和研发难度，这类专用装备的更新速度相对较慢，难以满足突发事件中的紧急需求。在这种背景下，通用大型工程机械装备快速转换为专用抢险装备成为了发展方向。这种转换技术可以将现有的大型工程机械，如挖掘机、推土机、起重机等，通过模块化设计、智能控制系统和专用转换组件，在短时间内迅速改装为适用于防汛抢险的装备，如应急抽水泵、疏通设备、救援运输工具等。该技术可实现通用大型工程机械装备平时服务于国家建设、灾害发生时转换成专用大型救援装备，在灾害救援中发挥一机多用的功能。

（3）**装备环境适应多样化**。防汛抢险救援技术装备需要在地形复杂（崎岖路面、泥泞土地等地形）、环境不确定因素高（堰塞湖、滑坡等引发的建筑物坍塌易造成不可预知的冲击）、极端环境出现率高（高温、湿热、腐蚀性等环境）等复杂环境下长时间使用，需具备不易发生疲劳、磨损、腐蚀等特点。能耗方面，由于灾害现场能源紧张，很难及时提供大量能源供众多装备长时间使用，未来的应急救援装备不仅要在功率输出上更加高效，还应具备低能耗的特点。例如，利用太阳能、电动驱动和储能系统等新能源技术，装备可以自主供电或通过集成能量回收技术减少对外部能源的依赖，确保在长时间作业中仍能保持高效运行。

（4）**人机界面操作友好化**。操作便捷性和人机交互友好性是应急抢险救援装备的发展趋势。灾害发生紧急情况下，为快速控制灾情蔓延发展，缺乏抢险经验的临近施工队伍甚至志愿者可能会优先进场承担抢险任务。这些人员通常缺乏抢险经验，难以操作复杂的抢险装备。装备的操作流程过于繁琐或专业化，会浪费宝贵的早期灾情控制时间。装备的设计必须考虑到紧急情况下的应急人员非专业情况，人机界面操作友好则是实现这一目标的重要保障。通过设计简洁易懂的操作界面、智能辅助系统以及语音提示、自动故障诊断等功能，抢险装备可以降低对操作人员的专业技术要求，在灾难现场可快速操作应急抢险装备，便于开展灾害早期应急抢险处置工作。

6.2 技术装备研究热点

6.2.1 巡堤查险技术装备

（1）车载堤防险情隐患快速探测技术装备。针对堤防内部隐患探测难题，突破堤防内部隐患探测机理分析、堤防内部隐患探地雷达探测技术、堤防内部隐患瞬变探测技术、数据处理与目标智能化识别算法、车载平台改装与系统集成技术等；研制车载堤防内部隐患探测装备，含探地雷达、瞬变电磁、激光雷达、大数据处理平台及险情预警软件等，实现0~100m深度范围内堤防内部隐患的快速高精度探测；探测速度≥10km/h，探测深度≥30m，支持1km范围内的实时监测，堤防内部险情隐患识别准确率≥80%。显著提升堤防内部管涌、渗漏等隐患的早期发现能力，降低溃堤风险。

（2）基于仿生机器狗的堤防险情巡查成套技术装备。针对河道堤防、渠坡、大坝巡检查险面临的散浸、管涌、滑坡、跌窝等堤坝险情自动化识别难题，研制搭载光学、力学和温度等模块化载荷的四足仿生机器人，替代传统人工实现堤防险情自动化巡查与智能诊断。针对自动巡检技术与装备、视觉跟踪技术与装备、监测先进技术与装备、诊断分析理论与方法等核心问题，在理论分析、关键技术、仪器装备等方面取得重大突破，形成复杂环境下仿生机器狗运动控制与视觉跟踪技术和重大工程堤防险情巡查实时监测与健康诊断技术两大核心技术群，显著提升渗漏、管涌、滑坡、塌陷等常见险情自动识别与防范科技支撑能力，推动堤防险情巡查技术、装备标准化与产业化。

（3）堤防险情隐患快速巡查空中成套技术装备。在防风、防尘、防水、高载荷、高精度、长巡航、轻型便携等方面进行技术攻关，研发适合复杂恶劣环境应用的堤防大范围快速巡查无人机平台；结合可见光、红外、雷达传感器与AI算法，开发海量数据实时传输与三维可视化预警系统，优化隐患辨识算法。通过软硬件系统集成，实现对堤防险情隐患大范围高精度快速巡查，覆盖复杂地形区域，快速定位裂缝、塌陷等隐患，为抢险决策提供实时数据支持。

6.2.2 堤防溃口快速封堵关键技术装备

（1）基于流体力学的溃口封堵技术装备。针对堤防溃口部位的"高水深、高流速"抢险作业环境，研发水力稳定的快速组装式土工袋透水棱体结构，以土工袋取代棱体内块石，解决溃口抢险现场石料缺乏的普遍难题；研发大型堵口土工袋，实现规格可调、抛投方式可选、袋体强度可靠，研发适用于高速水流条件的宽叶螺旋桩构件与施工装备，保障溃口进占封堵施工安全性与效率。

（2）堤防决口实时监测与沉桩桁架技术装备。针对湖泊、行分洪区、围垦区及河流等堤防决口快速抢险需求，研究集成决口长宽、水深、流速等特征参数实时监测与场景快速构建技术；研究桩体桁架高速水流环境下稳定构型技术，研发模块化桩体桁架组件；研究快速精准沉桩、空间桁架快速构建及封堵物料高效投送技术，研发一体化多功能装备；研究基于决口形态及特征参数实时变化的装备辅助操控技术，开发现场管控平台；研究装备现场开进方式及安全保障技术、全流程堵口抢险作业方法。

（3）基于水上动力作业平台的溃口封堵技术装备。在现有水域抢险多用途组合平台和遥控多用途挖掘机的基础上，分析大江大河圩堤决口封堵技术需求，基于多功能浮箱和水陆两栖门桥型号产品，采用模块化拼装、动力定位技术，研发水上动力作业平台，实现连岸码头搭建、水上物资装备过驳、浮箱组拼决口封堵功能；采用分流传动耦合、车船一体化、自组网遥控、属具机电液全自动快速切换等技术，研发远程无人操控水陆两栖多功能封堵装备，实现水上决口封堵、顶推作业，土方作业等功能；研究制定溃口封堵技术导则和施工工法，形成溃口封堵及安全保障成套技术和配套堵口施工工艺。

6.2.3 应急抢险救援技术装备

（1）模块化遥感操作工程机械装备。研制适用于直升机空运的模块化功能救援装备，突破机电液快换装置与3D视觉/声觉交互技术，实现3h快速装配，解决工程机械在灾害救援中投送效率低、现场拆装困难、功能单一等问题，解决模块化履带式液压挖掘机和模块化步履式挖掘机单个模块重量≤3t，实现浸入式远距离遥控操作，操作距离≥2000m，提升灾区工程机械投送效率，保障复杂环境下的清障与土方作业能力。

（2）大型模块化全地形水陆两栖应急救援装备。突破双车体全地形车人机工程技术、双车体全地形车辆行驶控制技术、双车体全地形车液压系统技术、整车应用技术等关键技术，建立"大型模块化全地形水陆两栖应急救援装备一体化性能匹配设计平台"，实现多作业模块的协调作业和快速互相换装作业模式，并具备远程操作控制功能。研制适用于雪地、沙漠、沼泽、山地、滩涂、戈壁、水域等多场景救援的"全地虎"履带式全地形车，实现人员运输、医疗救援等多任务灵活切换。

（3）大块度滚石障碍物快速破障技术与装备。研究一种操作使用安全方便、适用于战时和应急救援行动、能够对大块度坚硬岩石（混凝土）障碍快速破除，既可单具使用、又可多具分布组合的单兵破障技术和装备，突破先进杆射流聚能装药技术、聚能杆射流侵彻岩石机理和开孔技术、侵彻机理与随进技术、与开孔直径/爆破战斗部直径及其随进速度匹配技术、平衡发射加速技术、引信全保险技术以及远距离引爆控制技术等关键核心技术，解决应急救援行动中大块度坚硬岩石（混凝土）快速破障难题，提升应急救援行动效率。

6.2.4 监测预警和灾害信息获取技术装备

（1）极端气象灾害精准监测预报预警技术与装备。研究陆面—边界层—自由大气的大气热动力垂直廓线移动观测平台技术，研究融合多源观测的强降水酝酿、触发和发展演变等全生命周期边界层热动力和云降水反演方法，揭示地形、城市等下垫面和低空急流等关键边界层过程对强降水触发和演变的作用及机理；发展强降水临近预报技术；发展陆面和边界层关键物理过程参数化方案，提高强降水短临预报精度。

（2）大尺度灾害研判与目标精准识别定位装备。利用无人机集群技术与人工智能技术，结合三维激光、摄像机、电磁频谱、应急通信等功能模块，突破基于无人机平台的多机协同多源融合灾情评估技术与装备、面向无人机群自主低空探测的地图重建与定位系统、融合多传感器的空地协同灾情态势感知与智能研判系统、超宽带雷达信号分析与人体微动特征识别、超宽带雷达多目标联合探测与定位、基于到达时间差（TDOA）的电磁频谱识别与检测、多机融合的电磁频谱检测与定位等关键技术，实现多源融合灾情态势感知与目标定位，替代传统勘察手段，快速生成三维灾情地图，辅助救援资源调度。

（3）基于大模型的智能决策指挥关键技术及装备。面向洪涝灾害现场灾情态势精准研判、前后方广域协同会商和多目标智能指挥调度需求，研究基于插件化 Token 控制生成和领域知识的多模态大模型低幻觉优化技术，研制面向应急决策指挥场景的高实时性多模态大模型底座；研究百万级跨域监控视频的多智能体协同语义理解与多目标优化调度技术，研发前后方广域协同会商与视频智能调度系统；研究基于应急大模型的灾害现场遥感、影像数据全要素提取技术，研制灾害现场三维态势快速精准重构装备；研究基于应急大模型的决策智能体构建和多源情报信息融合生成技术，研发灾害情报分析决策系统；研究大模型自适应高保真压缩技术，研制基于大模型的灾害现场应急决策指挥一体化智能终端，提升指挥决策实时性与精准度，推动前后方协同会商智能化。

6.2.5　应急指挥通信关键技术装备

（1）应急通信无人机基站组网综合调度系统。针对极端自然灾害导致的大面积通信"孤岛"问题，重点突破无人机基站系统综合调度、灵活组网与协同覆盖技术。通过多架无人机协同作业，实现快速构建不小于 $100km^2$ 的空基公网覆盖能力。包括研发无人机基站系统调度管理平台，支持根据灾害区域范围与无人机基站资源匹配，迅速生成调派方案，结合地形特点及用户接入需求等因素优化无人机部署方案；开发空中基站覆盖优化算法，提供无人机飞行参数（飞行方式、高度、航速、航向）及机载基站天线指向优化建议；实现多架次无人机基站系统任务接替管理，确保覆盖连续性。在洪涝灾害场景下，可调度≥3 架无人机基站，支持≥1000 用户并发话音业务接入，显著提升灾区通信恢复效率。

（2）高空公网基站与全网通基站系统装备。面向"三断"（断路、断电、断网）灾区，研发高空稳定公网基站与轻量化全网通基站装备，解决应急现场一站式多运营商用户接入难题。高空基站：集成 8000m 高空稳定工作的公网基站载荷，支持≥$50km^2$ 信号覆盖，能在 4G 网络下稳定工作，优先支持短信、语音数据传输，具备 5G 网络模块化接入能力。峰值功耗≤1420W，单站重量≤40kg，满足≥2400 个用户接入需求。全网通基站：适配中型无人机，支持多运营商用户动态频带分配，RRC 连接数≥550 个，重量≤15kg；融合高通量卫星通信终端，实现超轻便（≤13kg）背负式装备，支持卫星回传（上行≥5Mbps，下行≥30Mbps）与本地 WiFi 覆盖。为复杂气象与地形环境提供快速网络覆盖，保障语音、短信及数据传输，提升救援指挥效率。

（3）卫星应急广播通信融合终端。研究高通量卫星互联网接入能力与应急广播融合应用技术，满足极端灾害应急预警、紧急导引和应急通信保障需求。研制卫星应急广播通信融合终端，支持直播星 ABS-S 信号接收和解调，具备直播星信号解扰解密功能，支持北斗定位功能以及高速通信功能。卫星广播功能符合行业标准要求，输入射频（RF）频率适应范围 950~1450MHz，符号率 2~45MS/s；声像功能满足数据采集及编码处理需求，音频频率范围 50～15000Hz，视频编码格式 H.264 1080p@30fps。卫星回传最高数据速率不低于 6Mbps，数据接口支持以太网 RJ45 和 WiFi，设备功放输出功率≥3W。强化灾害预警能力，提升人员搜救与物资调度效率。

6.3 展望

防汛抢险作为国家公共安全体系的重要构成，在总体国家安全观的战略指引下，面对当前防汛抢险救援技术装备存在的挑战，亟须通过创新突破实现技术升级。未来，防汛抢险技术装备发展将立足自主创新，紧跟无人化、集成化等前沿技术趋势，结合国家战略规划，加速形成现代化防汛抢险技术装备体系，推动我国防汛抢险工作迈向更高水平。

◆ **国家安全战略方针为防汛工作指明方向**

国家安全是民族复兴的根基，社会稳定是国家强盛的前提。中国的现代化进程必然伴随着安全风险及其治理问题，党的二十大报告明确提出："坚持安全第一、预防为主，建立大安全大应急框架，完善公共安全体系，推动公共安全治理模式向事前预防转型。"这一战略方针为我国防汛抢险工作提供了明确的方向，强调将安全作为首要任务，并着重于事前预防和建立全面的安全应急体系，防汛抢险工作将更加注重提升技术装备的先进适用水平，以应对频发的洪涝灾害和日益复杂的防汛抢险任务，保障人民生命财产安全。

◆ **当前防汛抢险技术装备现状仍面临诸多挑战**

尽管防汛抢险技术装备在近年来有所发展，但在实际应用中仍面临诸多挑战。目前应急交通通信、生命搜寻、险情处置和个体防护等专用装备仍存在配备不足、技术先进性不够、适用性不强等问题。这些不足限制了装备的效能和应急反应速度，特别是在恶劣水域、高海拔山区和偏远地区的重大灾害救援中，对装备的性能要求更为苛刻。现有装备在面对复杂和极端环境时，常常显得捉襟见肘，影响了防汛应急工作的及时性和有效性。因此，提升防汛技术装备的综合性能、增加装备种类的配备，提升装备的先进适用性，是当前面临的重大任务。

◆ **防汛抢险技术装备未来发展前景广阔**

未来防汛查险技术装备的发展将围绕无人化、集成化、便携轻量化和智能化等核心趋势展开。无人化设备将取代人工巡堤，显著提升效率和安全性。集成融合探地雷达、瞬变电磁法、激光雷达等多种探测技术，将实现全方位、立体化的灾害探测和预警。便携轻量化装备将提升防汛技术装备的应用场景和应急响应速度。智能化查险设备通过人工智能、大数据和物联网的结合，自动识别和分析险情，实现险情的科学决策。

防汛抢险救援技术装备将朝着结构设计模块化、通用装备转换快速化、环境适应多样化、人机界面操作友好化等方向发展。模块化设计将提升装备的灵活性，增强其适用性。通过快速改装技术，通用大型机械可以迅速转变为专用救援装备，解决专用设备研发难度大、使用率低的问题。未来装备将进一步适应各种复杂环境，具备低能耗特点，确保长时间高效运行的同时，还将具备人机界面操作友好的特点，使非专业人员能够迅速上手，提升救援效率和应对突发险情的能力。

◆ **国家对防汛抢险技术装备的未来战略规划**

未来，防汛抢险技术装备发展将以"技术创新、实战导向、体系升级"为核心，聚焦洪涝灾害应对关键薄弱环节，重点推进险情探测、抢险救援、应急交通保障及指挥通信保障等领域装备的智能化、机械化、精准化研发。立足防汛抢险实战需求，深化"政产学研用"协同创新机制，通过国家科技专项攻关和重大工程示范，集中突破智能传感、轻量化材料等核心技术瓶颈，实现防汛抢险技术装备从传统人工作业向"智能探测—精准决策—机械作业"模式的跨越式发展，形成技术先进、响应快速、安全可靠的现代化装备体系，为保障人民生命财产安全、提升社会安全韧性提供坚实的科技支撑。

声 明

本报告内容未经许可，任何单位和个人不得以任何形式复制、转载。

本报告相关内容、数据及观点仅供参考，不构成任何投资或决策的直接依据。水电水利规划设计总院不对因使用本报告内容导致的损失承担任何责任。

如无特别注明，本报告各项中国统计数据不包含香港特别行政区、澳门特别行政区和台湾省的数据。

报告中提及的技术装备及厂商信息仅为技术分析之目的，不代表编者对其性能、质量或适用性的推荐。

本报告引用的数据、案例及图片引自国家防灾减灾救灾委员会、应急管理部等单位发布的数据，以及全球灾害数据库、紧急灾害数据库、《中国防汛抗旱公报（2023）》等，在此一并致谢！